普通高等教育"十三五"规划教材

物理化学实验

Physical Chemistry Experiments

物理化学学科组 编

化学工业出版社

·北京·

本书为化学国家级实验示范中心（宁夏大学）系列教材，是根据《物理化学实验》教学大纲的要求进行编撰，全书共分为：物理化学实验基础知识、化学热力学实验、电化学实验、化学动力学实验、表面化学和胶体化学实验、物质结构实验、拓展实验等内容。

本书可作为大学化学、化学工程各专业学生的物理化学实验教材，对于生物学、农学、林学、药学、材料科学、食品科学、机械工程、环境科学等学科可根据各自学科、专业的要求进行有选择的学习。

图书在版编目（CIP）数据

物理化学实验/物理化学学科组编. —北京：化学工业出版社，2018.8
ISBN 978-7-122-32480-1

Ⅰ.①物… Ⅱ.①物… Ⅲ.①物理化学-化学实验 Ⅳ.①O64-33

中国版本图书馆 CIP 数据核字（2018）第 136515 号

责任编辑：蔡洪伟　于　卉　　　　　　　　文字编辑：陈　雨
责任校对：王　静　　　　　　　　　　　　装帧设计：刘丽华

出版发行：化学工业出版社（北京市东城区青年湖南街 13 号　邮政编码 100011）
印　　装：三河市双峰印刷装订有限公司
787mm×1092mm　1/16　印张 7¾　字数 186 千字　2018 年 9 月北京第 1 版第 1 次印刷

购书咨询：010-64518888（传真：010-64519686）　售后服务：010-64518899
网　　址：http://www.cip.com.cn
凡购买本书，如有缺损质量问题，本社销售中心负责调换。

定　　价：24.00 元　　　　　　　　　　　　　　　　　　版权所有　违者必究

前言 ▶▶▶ FOREWORD

物理化学实验是大学化学、化学工程学科的一门独立基础实验课程，它是研究物质的物理性质及这些物理性质与化学反应间相互关系的一门实验科学，综合了化学领域中各分支所需要的基本研究工具和方法。物理化学实验具有很强的理论性、实践性和技术性，同时又与物理化学和结构化学课程有着密切的联系。通过本实验课程的学习，不仅可提高学生的实验技术技能，加强学生对基本概念的学习和理解，还能培养学生应用物理化学基本原理解决实验、科研、工作中的问题，提升学生综合、分析、设计、创新的能力。

为了进一步深化教育教学改革，不断探索本科生实践创新能力培养的新思路和新方法，培养具备"厚基础、宽口径、强能力、重创新"等良好素质的人才的要求，在学科组全体教师的共同努力下编写了这本《物理化学实验》。本教材包括：物理化学实验基础知识、化学热力学实验、电化学实验、化学动力学实验、表面化学和胶体化学实验、物质结构实验、拓展实验部分。每个实验包含预习要求、实验目的、实验原理、仪器与试剂、实验步骤、实验数据记录及处理、思考讨论、实验注意事项、备注、参考文献等内容，使学生阅读实验内容后，在教师的指导下能独立地完成实验。同时为了使实验教学内容与理论课教学、科研、社会实践密切联系，形成良性互动，我们对实验内容不断进行改进，加强了实验的综合性、设计性、创新性，实现基础与前沿、经典与现代的有机结合。

本书为化学国家级实验示范中心（宁夏大学）系列教材，同时也得到宁夏回族自治区"化学工程与技术"国内一流学科建设项目（CET-JX-2017B04）与"化学"一流专业建设项目的资助。

参与教材编写工作的有杨锐、孙彦璞、宋伟明、梁斌、梁军、彭娟、蔡超、刘翔宇、刘英涛、李和平等，全书由杨锐统稿，并做最后的修改定稿工作。

由于编写人员水平有限，教材中难免有疏漏和不妥之处，敬请读者批评指正。

宁夏大学化学化工学院物理化学学科组
2018 年 4 月

目录 CONTENTS

第一章　物理化学实验基础知识　1
　　一、物理化学实验的目的与要求　1
　　二、物理化学实验的安全防护　3
　　三、物理化学实验中的误差及数据的表达　5
　　四、Origin 数据处理软件在物理化学实验中的应用　11

第二章　化学热力学实验　18
　　实验一　燃烧热的测定　18
　　实验二　盐类溶解热的测定　23
　　实验三　差热分析　27
　　实验四　凝固点降低法测定摩尔质量　31
　　实验五　纯液体饱和蒸气压的测定　35
　　实验六　双液系的气液平衡相图　38
　　实验七　二组分固-液相图的测绘　42
　　实验八　三组分液-液体系的相图　46

第三章　电化学实验　49
　　实验九　电导法测定弱电解质的电离平衡常数　49
　　实验十　原电池电动势的测定及其应用　53
　　实验十一　电势-pH 曲线的测定　58

第四章　化学动力学实验　62
　　实验十二　旋光法测定蔗糖转化反应的速率常数　62
　　实验十三　电导法测定乙酸乙酯皂化反应的速率常数　70
　　实验十四　丙酮碘化反应速率常数的测定　73

第五章　表面化学和胶体化学实验　78
　　实验十五　最大泡压法测定溶液的表面张力　78
　　实验十六　电导法测定水溶性表面活性剂的临界胶束浓度　83
　　实验十七　黏度法测定水溶性高聚物的平均摩尔质量　86

第六章 物质结构实验 ······ 91
    实验十八 配合物的磁化率测定 ······ 91

第七章 拓展实验 ······ 98
    实验十九 测定镍在硫酸溶液中的钝化行为 ······ 98
    实验二十 胶体制备和电泳 ······ 103
    实验二十一 煤水界面接触角的测量 ······ 106
    实验二十二 第一性原理计算 ······ 114

第一章

物理化学实验基础知识

一、物理化学实验的目的与要求

物理化学实验是化学实验学科的一个重要分支，它是借助于物理学的原理、技术和仪器，借助于数学运算工具来研究物系的物理性质、化学性质和化学反应规律的一门学科。

化学和物理学之间具有紧密的联系。化学过程包含或是伴有物理过程。例如化学反应时常伴有物理变化，如体积、压力的变化，热效应，电效应，光效应等，同时温度、压力、浓度的变化，光的照射，电磁场等物理因素的作用也都可能引起化学变化或影响化学变化的进行。分子中电子的运动，原子的转动、振动，分子中原子相互间的作用力等微观物理运动形态，则直接决定了物质的性质及化学反应能力。物理化学实验就是根据物质的物理现象和化学现象的联系来探求化学变化基本规律的一门学科，在实验方法上也主要是采用物理学中的方法。

物理化学实验是继无机化学实验、分析化学实验、有机化学实验后，在学生进入专业课程学习和做毕业论文之前的一门基础实验课程。这一特定的地位，使它起着承前启后的桥梁作用。所谓承前就是学生在学习了先行教材中大量的感性认识的实验材料之后，需要在认识上有个飞跃，上升到理性认识的高度；所谓启后就是进一步严格地进行定量地进行实验，研究物质的物理性质、化学性质和化学反应规律。使学生既具备坚实的实验基础，又具有初步的科研能力，实现学生由学习知识、技能到进行科学研究的初步转变。

物理化学实验既是主要使用精密仪器进行实验的一门实践性很强的课程，又是重演"发现"化学反应基本规律的一门理论性很强的课程。它不仅要求学生会动手组装和正确使用仪器，而且要求学生能设计实验并对实验结果做出处理。它不仅培养学生会做精密实验的本领，而且培养学生会对实验数据进行处理，对实验结果进行分析的能力。本课程的这一特点，不仅要求学生在学习中必须手脑并用，以培养较强的动手能力和综合分析的思维能力，而且可以起到为学生日后从事科学研究，发表科研论文的接轨作用。

物理化学实验的总体要求以智能开发、能力培养为核心。具体地说就是物理化学实验教学在重视知识、技能学习的同时，更重视研究能力的培养，将教学过程很好地结合起来。前期要求学生做好规定的实验，这些实验包含了热力学、动力学、电化学、表面化学、胶体化学以及物质结构等方面的典型实验，并且要求熟悉其相应的实验方法、实验技术和实验仪器。这是整个物理化学实验的核心,通过实验操作这一中心环节,为培养动手能力打好基础。在后期,根据情况适当安排一些不同类型的"研究式实验":重做或改进一些原有实验,选作或设计一些新实验。一般来说,这些实验由老师给定题目,学生设计实验,选择和使用仪器,同时独立完成实验操作过程,以及数量测量和处理等。学生应写出研究性报告,并进行交流和总结。

物理化学实验总体要求还包括实验讲座。实验讲座是达到实验目的的重要补充环节。讲座分两部分:一是物理化学实验的一些基本知识、技能,如实验数据的表达与作用,实验结果的误差分析,实验数据的处理方法等。讲座要放在实验操作训练开始之前进行,因为这些基本技能在每一个实验报告中都要用到,对于这些基本技能的训练和严格要求,要贯穿于整个物理化学实验教学的始终。二是物理化学实验的一些基本实验方法和技术,如温度的测量和控制,压力的测量和校正,真空技术,光学测量技术,电化学测量技术等,这些要在学生实验操作训练的基础上,分阶段进行,以提高学生解决实际问题的能力。

物理化学实验的具体要求有以下几个部分。

1. 预习

① 按规定时间进行预习。要认真阅读实验内容,仔细了解实验目的和要求,熟悉所用仪器的性能和操作方法。

② 写出预习报告,主要包括测量所依据的实验原理、实验操作步骤、做好实验的注意事项。拟定好实验数据记录格式。

③ 教师检查预习报告,没有预习报告者,不得进行实验。

④ 要有专用的、整洁的实验预习报告本。

2. 实验操作

① 先做好各种准备工作,记录实验条件,如室温、大气压等。

② 实验开始后,要仔细观察实验现象,严格控制实验条件,正确记录实验数据。

③ 要有良好的实验作风和严谨的科学态度。做到仪器摆放合理,实验台清洁整齐,实验操作有条有理,数据记录一丝不苟;还要积极思考,善于发现和解决实验中出现的各种问题。出现异常情况应及时与指导教师商量解决。

④ 实验结束后,原始实验数据交指导教师审查,经签字同意后,方可拆除实验装置、洗净仪器,整理好各自实验台面后离开实验室。

⑤ 值日生要认真负责。

3. 实验报告

① 及时对实验数据进行处理,写出实验报告。报告要求独立完成。

② 实验报告要注意如下几点:数据记录精度能否反映出测量精度;数学运算是否符合有效数字运算规则;图表是否符合要求;实验结果是否在允许的误差范围内。达不到要求者,必须重做。

③ 表头部分要逐项填写。书面整洁,字迹工整,不得涂改,按时上交。

4. 良好的实验习惯

要有良好的实验习惯,如不得任意搬动仪器开关、旋转仪器旋钮和装置上的活塞;注意维护实验环境的整洁,不乱扔废弃物;不大声喧哗,走路脚步要轻,东西轻拿轻放;实验结束后主动打扫桌面、地面，归置仪器、药品；损坏仪器要及时报告老师，并按规定赔偿；要珍惜药品、爱护仪器，树立爱护国家财产的观念；协助教师检查实验室门、窗、水、电是否关好。

5. 尊重教师及相关工作人员

学生要尊重实验课教师、实验室工作人员和所有为实验课辛勤劳动的职工。同学们要团结协作、互相学习、共同进步。

二、物理化学实验的安全防护

安全关系到个人身体，关系到个人生命；安全关系到实验室和国家财产；安全关系到培养良好的工作作风，保证实验顺利进行。

在化学实验室里，安全是非常重要的，它常常潜藏着诸如发生爆炸、着火、中毒、灼伤、割伤、触电等事故的危险性。如何来防止这些事故的发生以及万一发生如何来急救，都是每一个化学实验工作者必须具备的能力。这些内容在先行的化学实验课中均已反复地作了介绍。本节主要结合物理化学实验的特点介绍安全用电常识及使用化学药品的安全防护等知识。

1. 安全用电常识

物理化学实验使用电器较多，特别要注意安全用电。表 1-1 给出了 50Hz 交流电在不同电流强度时通过人体产生的反应情况。

表 1-1 不同电流强度时通过人体产生的反应情况

电流强度/mA	1～10	10～25	25～100	100 以上
人体反应	麻木感	肌肉强烈收缩	呼吸困难,甚至停止呼吸	心脏心室纤维性颤动,死亡

违章用电可能造成仪器设备损坏、火灾，甚至人身伤亡等严重事故。为了保障人身安全，一定要遵守安全用电规则。

(1) 防止触电

① 不用潮湿的手接触电器。

② 一切电源裸露部分应有绝缘装置，所有电器的金属外壳都应接上地线。

③ 实验时，应先连接好电路再接通电源；修理或安装电器时，应先切断电源；实验结束时，先切断电源再拆电路。

④ 不能用试电笔去试高压电。使用高压电源应有专门的防护措施。

⑤ 如有人触电，首先应迅速切断电源，然后进行抢救。

(2) 防止发生火灾及短路

① 电线的安全通电量应大于用电功率；使用的保险丝要与实验室允许的用电量相符。

② 室内若有氢气、煤气等易燃易爆气体，应避免产生电火花。继电器工作、电器接触点接触不良及开关电闸时易产生电火花，要特别小心。

③ 如遇电线起火，立即切断电源，用沙或二氧化碳、四氯化碳灭火器灭火，禁止用水或泡沫灭火器等导电液体灭火。

④ 电线、电器不要被水淋湿或浸在导电液体中；线路中各接点应牢固，电路元件两端接头不要互相接触，以防短路。

(3) 电器仪表的安全使用

① 使用前先了解电器仪表要求使用的电源是交流电还是直流电；是三相电还是单相电以及电压的大小（如380V、220V、6V）。须弄清电器功率是否符合要求及直流电器仪表的正、负极。

② 仪表量程应大于待测值。待测值大小不明时，应从最大量程开始测量。

③ 实验前要检查线路连接是否正确，经教师检查同意后方可接通电源。

④ 在使用过程中如发现异常，如不正常声响、局部温度升高或嗅到焦味，应立即切断电源，并报告教师进行检查。

2. 使用化学药品的安全防护

（1）防毒

实验前，应了解所用药品的毒性及防护措施。操作有毒性化学药品时应在通风橱内进行，避免与皮肤接触；剧毒药品应妥善保管并小心使用。不要在实验室内喝水、吃东西；离开实验室时要洗净双手。

（2）防爆

可燃气体与空气的混合物在比例处于爆炸极限时，受到热源（如电火花）诱发将会引起爆炸。一些气体的爆炸极限见表1-2。

表 1-2　与空气相混合的某些气体的爆炸极限（20℃，101325Pa）

气体	爆炸高限体积/%	爆炸低限体积/%	气体	爆炸高限体积/%	爆炸低限体积/%
氢	74.2	4.0	丙酮	12.8	2.6
乙烯	28.6	2.8	一氧化碳	74.2	12.5
乙炔	80.0	2.5	煤气	74.0	35.0
苯	6.8	1.4	氨	27.0	15.5
乙醇	19.0	3.3	硫化氢	45.5	4.3
乙醚	36.5	1.9	甲醇	36.5	6.7

因此使用时要尽量防止可燃性气体逸出，保持室内通风良好；操作大量可燃性气体时，严禁使用明火和可能产生电火花的电器，并防止其他物品撞击产生火花。

另外，有些药品如乙炔银、过氧化物等受震或受热易引起爆炸，使用时要特别小心；严禁将强氧化剂和强还原剂放在一起；久储存的乙醚使用前应除去其中可能产生的过氧化物；进行易发生爆炸的实验，应有防爆措施。

（3）防火

许多有机溶剂如乙醚、丙酮等非常容易燃烧，使用时室内不能有明火、电火花等，用后要及时回收处理，不可倒入下水道，以免聚集引起火灾。实验室内不可存放过多这类药品。

另外，有些物质如磷、金属钠及比表面积很大的金属粉末（如铁、铝等）易氧化自燃，在保存和使用时要特别小心。

实验室一旦着火不要惊慌，应根据情况选择不同的灭火剂进行灭火。以下几种情况不能用水灭火：

① 有金属钠、钾、镁、铝、电石、过氧化钠等时，应用干沙等灭火。

② 密度比水小的易燃液体着火，采用泡沫灭火器。

③ 有灼烧的金属或熔融物的地方着火时，应用干沙或干粉灭火器。

④ 电器设备或带电系统着火，用二氧化碳或四氯化碳灭火器。

(4) 防灼伤

强酸、强碱、强氧化剂、溴、磷、钠、钾、苯酚、冰醋酸等都会腐蚀皮肤，特别要防止溅入眼内。液氧、液氮等低温物质也会严重灼伤皮肤，使用时要小心。万一灼伤应及时治疗。

3. 汞的安全使用

汞中毒分急性和慢性两种。急性中毒多为高汞盐（如 $HgCl_2$）入口所致，0.1～0.3g 即可致死。吸入汞蒸气会引起慢性中毒，症状为食欲不振、恶心、便秘、贫血、骨骼和关节疼痛、精神衰弱等。汞蒸气的最大安全浓度为 $0.1mg \cdot m^{-3}$，而 20℃时汞的饱和蒸气压约为 0.16Pa，超过安全浓度 130 倍。所以使用汞必须严格遵守下列操作规定：

① 储汞的容器要用厚壁玻璃器皿或瓷器，在汞面上加盖一层水，避免直接暴露于空气中，同时应放置在远离热源的地方。一切转移汞的操作，应在装有水的浅瓷盘内进行。

② 装汞的仪器下面一律放置浅瓷盘，防止汞滴散落到桌面或地面上。万一有汞掉落，要先用吸汞管尽可能将汞珠收集起来，然后把硫黄粉撒在汞溅落的地方，并摩擦使之生成 HgS，也可用 $KMnO_4$ 溶液使其氧化。擦过汞的滤纸等必须放在有水的瓷缸内。

③ 使用汞的实验室应有良好的通风设备；手上若有伤口，切勿接触汞。

4. X 射线的防护

X 射线被人体组织吸收后，对健康是有害的。一般晶体 X 射线衍射分析用的软 X 射线（波长较长、穿透能力较低）比医院透视用的硬 X 射线（波长较短、穿透能力较强）对人体组织的伤害更大。轻的造成局部组织灼伤，重的可造成白细胞下降，毛发脱落，发生严重的射线病。但若采取适当的防护措施，上述危害是可以防止的。

最基本的一条防护措施是防止身体各部位（特别是头部）受到 X 射线照射，尤其是直接照射。因此，X 光管窗口附近要用铅皮（厚度在 1mm 以上）挡好，使 X 射线尽量限制在一个局部小范围内；在进行操作（尤其是对光）时，应戴上防护用具（特别是铅玻璃眼镜）；暂时不工作时，应关好窗口；非必要时，人员应尽量离开 X 光实验室。室内应保持良好通风，以减少由于高电压和 X 射线电离作用产生的有害气体对人体的影响。

三、物理化学实验中的误差及数据的表达

由于实验方法的可靠程度，所用仪器的精密度和实验者感官的限度等各方面条件的限制，使得一切测量均带有误差——测量值与真值之差。因此，必须对误差产生的原因及其规律进行研究，方可在合理的人力、物力支出条件下，获得可靠的实验结果，再通过实验数据的列表、作图、建立数学关系式等处理步骤，使实验结果变为有参考价值的资料，这在科学研究中是必不可少的。

1. 误差的分类

误差按其性质可分为如下三种。

(1) 系统误差（恒定误差）

系统误差是指在相同条件下，多次测量同一物理量时，误差的绝对值和符号保持恒定，或在条件改变时，按某一确定规律变化的误差，产生的原因有：

① 实验方法方面的缺陷，如使用了近似公式。
② 仪器药品的不良，如电表零点偏差，温度计刻度不准，药品纯度不高等。
③ 操作者的不良习惯，如观察视线偏高或偏低。

改变实验条件可以发现系统误差的存在，针对产生原因可采取措施将其消除。

(2) 过失误差（或粗差）

这是一种明显歪曲实验结果的误差。它无规律可循，是由操作者读错、记错所致，只要加强责任心，此类误差可以避免。发现有此种误差产生，所得数据应予以剔除。

(3) 偶然误差（随机误差）

在相同条件下多次测量同一量时，误差的绝对值时大时小，符号时正时负，但随测量次数的增加，其平均值趋近于零，即具有抵偿性，此类误差称为偶然误差。它产生的原因并不确定，一般是由环境条件的改变（如大气压、温度的波动），操作者感官分辨能力的限制（如对仪器最小分度以内的读数难以读准确等）所致。

2. 测量的准确度与测量的精密度

准确度是指测量结果的准确性，即测量结果偏离真值的程度。而真值是指用已消除系统误差的实验手段和方法进行足够多次的测量所得的算术平均值或者文献手册中的公认值。

精密度是指测量结果的可重复性及测量值有效数字的位数。因此，测量的准确度和精密度是有区别的，高精密度不一定能保证有高准确度，但高准确度必须有高精密度来保证。

3. 误差的表示方法

(1) 误差一般用以下三种方法表示

① 平均误差：
$$\delta = \frac{\sum |d_i|}{n} \tag{1-1}$$

式中，d_i 为测量值 x_i 与算术平均值 $\bar{x}$ 之差；n 为测量次数，且 $\bar{x} = \frac{\sum x_i}{n}$，$i = 1, 2, \cdots, n$。

② 标准误差（或称均方根误差）：
$$\sigma = \sqrt{\frac{\sum d_i^2}{n-1}} \tag{1-2}$$

③ 或然误差：$P = 0.675\sigma$

平均误差的优点是计算简便，但用这种误差表示时，可能会把质量不高的测量掩盖住。标准误差对一组测量中的较大误差或较小误差感觉比较灵敏，因此它是表示精度的较好方法，在近代科学中多采用标准误差。

(2) 表示测量精度的误差表示方法

为了表示测量的精度，误差又分为绝对误差、相对误差两种。

① 绝对误差 它表示了测量值与真值的接近程度，即测量的准确度。其表示为 $\bar{x} \pm \delta$ 或 $\bar{x} \pm \sigma$，其中 δ 和 σ 分别为平均误差和标准误差，一般以一位数字（最多两位）表示。

② 相对误差 它表示测量值的精密度，即各次测量值相互靠近的程度。其表示为：

$$\text{平均相对误差} = \pm \frac{\delta}{\bar{x}} \times 100\% \tag{1-3}$$

$$\text{标准相对误差} = \pm \frac{\sigma}{\bar{x}} \times 100\% \tag{1-4}$$

4. 偶然误差的统计规律和可疑值的舍弃

偶然误差符合正态分布规律,即正、负误差具有对称性。所以,只要测量次数足够多,在消除了系统误差和粗差的前提下,测量值的算术平均值趋近于真值。

$$\lim_{n \to \infty} \overline{x} = x_{真} \tag{1-5}$$

但是,一般测量次数不可能有无限多次,所以一般测量值的算术平均值也不等于真值。于是人们又常把测量值与算术平均值之差称为偏差,常与误差混用。

如果以误差出现次数 N 对标准误差的数值 σ 作图,得一对称曲线(图 1-1)。统计结果表明测量结果的偏差大于 3σ 的概率不大于 0.3%。因此根据小概率定理,凡误差大于 3σ 的点,均可以作为粗差剔除。严格地说,这是指测量达到一百次以上时方可如此处理,粗略地用于 15 次以上的测量。对于 10~15 次时可用 2σ,若测量次数再少,应酌情递减。

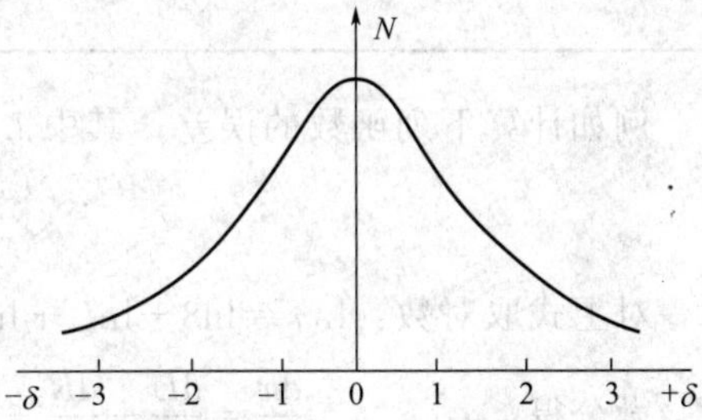

图 1-1 正态分布误差曲线

5. 误差传递(间接测量结果的误差计算)

测量分为直接测量和间接测量两种,一切简单易得的量均可直接测量出,如用米尺量物体的长度,用温度计测量体系的温度等。对于较复杂不易直接测得的量,可通过直接测定简单量,而后按照一定的函数关系将它们计算出来。例如在溶解热实验中,测得温度变化 ΔT 和样品重量 W,代入以下公式,就可求出溶解热 ΔH,从而使直接测量值 T、W 的误差传递给 ΔH。

$$\Delta H = C \Delta T \frac{M}{W} \tag{1-6}$$

误差传递符合一定的基本公式。通过间接测量结果误差的求算,可以知道哪个直接测量值的误差对间接测量结果影响最大,从而可以有针对性地提高测量仪器的精度,获得好的结果。

(1) 间接测量结果的平均误差和相对平均误差的计算

设有函数 $u = F(x, y)$,其中 x、y 为可以直接测量的量。则:

$$\mathrm{d}u = \left(\frac{\partial F}{\partial x}\right)_y \mathrm{d}x + \left(\frac{\partial F}{\partial y}\right)_x \mathrm{d}y \tag{1-7}$$

此为误差传递的基本公式。若 Δu、Δx、Δy 为 u、x、y 的测量误差,且设它们足够小,可以代替 $\mathrm{d}u$、$\mathrm{d}x$、$\mathrm{d}y$,则得到具体的简单函数及其误差的计算公式,列入表 1-3。

表 1-3 部分函数的平均误差

函数关系	绝对误差	相对误差
$y = x_1 + x_2$	$\pm(\lvert\Delta x_1\rvert + \lvert\Delta x_2\rvert)$	$\pm\left(\dfrac{\lvert\Delta x_1\rvert + \lvert\Delta x_2\rvert}{x_1 + x_2}\right)$
$y = x_1 - x_2$	$\pm(\lvert\Delta x_1\rvert + \lvert\Delta x_2\rvert)$	$\pm\left(\dfrac{\lvert\Delta x_1\rvert + \lvert\Delta x_2\rvert}{x_1 - x_2}\right)$
$y = x_1 x_2$	$\pm(x_1\lvert\Delta x_2\rvert + x_2\lvert\Delta x_1\rvert)$	$\pm\left(\dfrac{\lvert\Delta x_1\rvert}{x_1} + \dfrac{\lvert\Delta x_2\rvert}{x_2}\right)$

续表

函数关系	绝对误差	相对误差
$y = x_1/x_2$	$\pm\left(\dfrac{x_1\|\Delta x_2\| + x_2\|\Delta x_1\|}{x_2^2}\right)$	$\pm\left(\dfrac{\|\Delta x_1\|}{x_1} + \dfrac{\|\Delta x_2\|}{x_2}\right)$
$y = x^n$	$\pm(nx^{n-1}\Delta x)$	$\pm\left(n\dfrac{\|\Delta x\|}{x}\right)$
$y = \ln x$	$\pm\left(\dfrac{\Delta x}{x}\right)$	$\pm\left(\dfrac{\|\Delta x\|}{x\ln x}\right)$

例如计算下列函数的误差；其中 L、R、P、m、r、d 为直接测量值：

$$x = \frac{8LRP}{\pi(m-m_0)rd^2} \tag{1-8}$$

对上式取对数：$\ln x = \ln 8 + \ln L + \ln R + \ln P - \ln \pi - \ln(m-m_0) - \ln r - 2\ln d$ （1-9）

微分得：

$$\frac{dx}{x} = \frac{dL}{L} + \frac{dR}{R} + \frac{dP}{P} - \frac{d(m-m_0)}{m-m_0} - \frac{dr}{r} - \frac{2d(d)}{d} \tag{1-10}$$

考虑到误差积累，对每一项取绝对值得：

相对误差：

$$\frac{\Delta x}{x} = \pm\left(\frac{\Delta L}{L} + \frac{\Delta R}{R} + \frac{\Delta P}{P} + \frac{\Delta(m-m_0)}{m-m_0} + \frac{\Delta r}{r} + \frac{2\Delta d}{d}\right) \tag{1-11}$$

绝对误差：

$$\Delta x = \left(\frac{\Delta x}{x}\right) \times \frac{8LRP}{\pi(m-m_0)rd^2} \tag{1-12}$$

根据 $\dfrac{\Delta L}{L}$、$\dfrac{\Delta R}{R}$、$\dfrac{\Delta P}{P}$、$\dfrac{\Delta(m-m_0)}{m-m_0}$、$\dfrac{\Delta r}{r}$、$\dfrac{2\Delta d}{d}$ 各项的大小，可以判断间接测量值 x 的最大误差来源。

（2）间接测量结果的标准误差计算

若 $u = F(x, y)$，则函数 u 的标准误差为：

$$\sigma_u = \sqrt{\left(\frac{\partial u}{\partial x}\right)^2 \sigma_x^2 + \left(\frac{\partial u}{\partial y}\right)^2 \sigma_y^2} \tag{1-13}$$

部分函数的标准误差列入表 1-4。

表 1-4 部分函数的标准误差

函数关系	绝对误差	相对误差
$u = x \pm y$	$\pm \sqrt{\sigma_x^2 + \sigma_y^2}$	$\pm \dfrac{1}{\|x \pm y\|}\sqrt{\sigma_x^2 + \sigma_y^2}$
$u = xy$	$\pm \sqrt{y^2\sigma_x^2 + x^2\sigma_y^2}$	$\pm \sqrt{\dfrac{\sigma_x^2}{x^2} + \dfrac{\sigma_y^2}{y^2}}$
$u = \dfrac{x}{y}$	$\pm \dfrac{1}{y}\sqrt{\sigma_x^2 + \dfrac{x^2}{y^2}\sigma_y^2}$	$\pm \sqrt{\dfrac{\sigma_x^2}{x^2} + \dfrac{\sigma_y^2}{y^2}}$
$u = x^n$	$\pm nx^{n-1}\sigma_x^2$	$\pm \dfrac{n}{x}\sigma_x$
$u = \ln x$	$\pm \dfrac{\sigma_x}{x}$	$\pm \dfrac{\sigma_x}{x\ln x}$

6. 有效数字

当我们对一个测量的量进行记录时，所记数字的位数应与仪器的精密度相符合，即所记数字的最后一位为仪器最小刻度以内的估计值，称为可疑值，其他几位为准确值，这样一个数字称为有效数字，它的位数不可随意增减。在间接测量中，须通过一定公式将直接测量值进行运算，运算中对有效数字位数的取舍应遵循如下规则：

① 误差一般只取一位有效数字，最多两位。

② 有效数字的位数越多，数值的精确度也越高，相对误差越小。

③ 若第一位的数值等于或大于8，则有效数字的总位数可多算一位，如9.23虽然只有三位，但在运算时，可以看作四位。

④ 运算中舍弃过多不定数字时，应用"4舍6入，逢5尾留双"的法则。

⑤ 在加减运算中，各数值小数点后所取的位数，以其中小数点后位数最少者为准。

⑥ 在乘除运算中，各数保留的有效数字，应以其中有效数字最少者为准。

⑦ 在乘方或开方运算中，结果可多保留一位。

⑧ 对数运算时，对数中的首数不是有效数字，对数的尾数的位数，应与各数值的有效数字相当。

⑨ 算式中，常数π，e及乘子$\sqrt{2}$和某些取自手册的常数，如阿伏伽德罗常数、普朗克常数等，不受上述规则限制，其位数按实际需要取舍。

7. 数据处理

物理化学实验数据的表示主要有如下三种方法：列表法、作图法和数学方程式法。

（1）列表法

将实验数据列成表格，排列整齐，使人一目了然。这是数据处理中最简单的方法，列表时应注意以下几点：

① 表格要有名称。

② 每行（或列）的开头一栏都要列出物理量的名称和单位，并把二者表示为相除的形式。因为物理量的符号本身是带有单位的，除以它的单位，即等于表中的纯数字。

③ 数字要排列整齐，小数点要对齐，公共的乘方因子应写在开头一栏与物理量符号相乘的形式，并为异号。

④ 表格中表达的数据顺序为：由左到右，由自变量到因变量，可以将原始数据和处理结果列在同一表中，但应以一组数据为例，在表格下面列出算式，写出计算过程。

（2）作图法

作图法可更形象地表达出数据的特点，如极大值、极小值、拐点等，并可进一步用图解求积分、微分、外推、内插值。作图应注意如下几点：

① 图要有图名，例如"$\ln K_p$-$1/T$ 图" "V-t 图"等。

② 要用市售的正规坐标纸，并根据需要选用坐标纸种类：直角坐标纸、三角坐标纸、半对数坐标纸、对数坐标纸等。物理化学实验中一般用直角坐标纸，只有三组分相图使用三角坐标纸。

③ 在直角坐标中，一般以横轴代表自变量，纵轴代表因变量，在轴旁须注明变量的名称和单位（二者表示为相除的形式），10的幂次以相乘的形式写在变量旁，并为异号。

④ 适当选择坐标比例，以表达出全部有效数字为准，即最小的毫米格内表示有效数字的最后一位。每厘米格代表1、2、5为宜，切忌3、7、9。如果作直线，应正确选择比例，使直线呈45°倾斜为好。

⑤ 坐标原点不一定选在零，应使所作直线与曲线匀称地分布于图中。在两条坐标轴上每隔 1cm 或 2cm 均匀地标上所代表的数值，而图中所描各点的具体坐标值不必标出。

⑥ 描点时，应用细铅笔将所描的点准确而清晰地标在其位置上，可用"〇、△、□、×"等符号表示，符号总面积表示了实验数据误差的大小，所以不应超过 1mm 格。同一图中表示不同曲线时，要用不同的符号描点，以示区别。

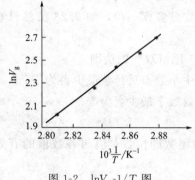

图 1-2 $\ln V_g$-$1/T$ 图

⑦ 作曲线要用曲线板，描出的曲线应平滑均匀；应使曲线尽量多地通过所描的点，但不要强行通过每一个点，对于不能通过的点，应使其等量地分布于曲线两边，且两边各点到曲线的距离的平方和要尽可能相等。作图示例如图 1-2 所示。

⑧ 图解微分的关键是作曲线的切线，而后求出切线的斜率值，即图解微分值。作曲线的切线可用如下两种方法：

a. 镜像法 取一平面镜，使其垂直于图面，并通过曲线上待作切线的点 P（图 1-3），然后让镜子绕 P 点转动，注意观察镜中曲线的影像，当镜子转到某一位置，使得曲线与其影像刚好平滑地连为一条曲线时，过 P 点沿镜子作一直线即为 P 点的法线，过 P 点再作法线的垂线，就是曲线上 P 点的切线。若无镜子，可用玻璃棒代替，方法相同。

b. 平行线段法 如图 1-4 所示，在选择的曲线段上作两条平行线 AB 及 CD，然后连接 AB 和 CD 的中点 PQ 并延长相交曲线于 O 点，过 O 点作 AB、CD 的平行线 EF，则 EF 就是曲线上 O 点的切线。

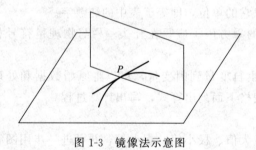

图 1-3 镜像法示意图　　　　　　图 1-4 平行线段法示意图

(3) 数学方程式法

将一组实验数据用数学方程式表达出来是最为精练的一种方法。它不但方式简单而且便于进一步求解，如积分、微分、内插等。此法首先要找出变量之间的函数关系，然后将其线性化，进一步求出直线方程的系数——斜率 m 和截距 b，即可写出方程式。也可将变量之间的关系直接写成多项式，通过计算机曲线拟合求出方程系数。

求直线方程系数一般有三种方法：

① 图解法 将实验数据在直角坐标纸上作图，得一直线，此直线在 y 轴上的截距即为 b 值（横坐标原点为零时）；直线与轴夹角的正切值即为斜率 m。或在直线上选取两点（此两点应远离）(x_1, y_1) 和 (x_2, y_2)，则：

$$m = \frac{\Delta y}{\Delta x} = \frac{y_2 - y_1}{x_2 - x_1}$$

$$b = \frac{y_1 x_2 - y_2 x_1}{x_2 - x_1}$$
(1-14)

② 平均法 若将测得的 n 组数据分别代入直线方程式，则得 n 个直线方程：

$$y_1 = mx_1 + b$$
$$y_2 = mx_2 + b$$
$$\cdots\cdots$$
$$y_n = mx_n + b$$
(1-15)

将这些方程分成两组，分别将各组的 x，y 值累加起来，得到两个方程：

$$\sum_{i=1}^{k} y_i = m \sum_{i=1}^{k} x_i + kb$$

$$\sum_{i=k+1}^{n} y_i = m \sum_{i=k+1}^{n} x_i + (n-k)b$$
(1-16)

解此联立方程，可得 m，b 值。

③ 最小二乘法 这是最为精确的一种方法，它的根据是使误差平方和最小，以得到直线方程。对于 (x_i, y_i) $(i=1, 2, \cdots, n)$ 表示的 n 组数据，线性方程 $y = mx + b$ 中的回归数据可以通过此种方法计算得到。

$$b = \bar{y} - m\bar{x}$$

$$\bar{x} = \frac{1}{n} \sum_{i=1}^{n} x_i, \bar{y} = \frac{1}{n} \sum_{i=1}^{n} y_i$$

$$m = \frac{S_{xy}}{S_{xx}}$$
(1-17)

其中 x 的离差平方和：

$$S_{xx} = \sum_{i=1}^{n} x_i^2 - \frac{1}{n} \left(\sum_{i=1}^{n} x_i \right)^2$$
(1-18)

y 的离差平方和：

$$S_{yy} = \sum_{i=1}^{n} y_i^2 - \frac{1}{n} \left(\sum_{i=1}^{n} y_i \right)^2$$
(1-19)

x，y 的离差乘积之和：

$$S_{xy} = \sum_{i=1}^{n} x_i y_i - \frac{1}{n} \left(\sum_{i=1}^{n} x_i \right) \left(\sum_{i=1}^{n} y_i \right)$$
(1-20)

得到的方程即为线性拟合或线性回归。由此得出的 y 值称为最佳值。

四、Origin 数据处理软件在物理化学实验中的应用

在物理化学实验中经常会遇到各种类型不同的实验数据，要从这些数据中找到有用的化学信息，得到可靠的结论，就必须对实验数据进行认真的整理和必要的分析和检验。除上一节中提到的分析方法以外，化学、数学分析软件的应用大大减少了处理数据的麻烦，提高了分析数据的可靠程度。经验告诉我们，数据信息的处理与图形表示在物理化学实验中有着非常重要的地位。用于图形处理的软件非常多，部分已经商业化，如 OriginLab 公司的 Origin

等。下面我们以 Origin 软件为例，简单介绍该软件在数据处理中的应用。

Origin 软件从它诞生以来，由于强大的数据处理和图形化功能，已被化学工作者广泛应用。它的主要功能和用途包括：对实验数据进行常规处理和一般的统计分析，如计数、排序、求平均值和标准偏差、t 检验、快速傅里叶变换、比较两列均值的差异、进行回归分析等。此外还可用数据作图，用图形显示不同数据之间的关系，用多种函数拟合曲线等。

1. 数据的统计处理

当把实验的数据输入之后，打开 Origin 数据（data）栏，可以做如下的工作：

① 数据按照某列进行升序（sending）或降序（decending）排列。
② 按照列求和（sum）、平均值（mean）、标准偏差（sd）等。
③ 按照行求平均值、标准偏差。
④ 对一组数据（如一列）进行统计分析，进行 t 检验，可以得到如下的检验结果：平均值、方差 s^2（variance）、数据量（N）、t 的计算值、t 分布和检验的结论等信息；比较两组数据（如两列）的相关性；进行多元线性回归（multiple regression）得到回归方程，得到定量结构性质关系（quantitative structure-properties relationship，QSPR），同时可以得到该组数据的偏差、相关系数等数据。

2. 数据关系的图形表示

数据准备完之后，除了可以进行上面的统计处理以外，还可以进行二维图形的绘制。Origin5.0 以上的版本还可以绘制三维图形，以及各种不同图形的排列等可视化操作。用图形方法显示数据的关系比较直观，容易理解，因而在科技论文、实验报告中经常用到。Origin 软件提供了数据分析中常用的绘图、曲线拟合和分辨功能，其中包括：

① 二维数据点分布图（scatter）、线图（line）、点线图（line-symbol）；
② 可以绘制带有数据点误差、数据列标准差的二维图；
③ 用于生产统计、市场分析等的条形图（tar）、柱状图（column）、扇形图（pie chart）；
④ 表示积分面积的面积图（area）、填充面积图（fill area）、三组分图（ternary）等；
⑤ 在同一张图中表示两套 X 或 Y 轴、在已有的图形页中加入函数图形、在空白图形页中显示函数图形等。

另外 Origin 软件还可以提供强大的三维图形，方便而且直观地表示固定某一变量下系列组分变化的程度，如：

① 三维格子点图（3D scatter plot）、三维轨迹图（3D trajectory）、三维直方图（3D bars）、三维飘带图（3D ribbons）、三维墙面图（3D wall）、三维瀑布图（3D waterfall）；
② 用不同颜色表示的三维颜色填充图（3D color fill surface）、固定基色的三维图（3D X or Y constant with base）、三维彩色地图（3D color map）等。

3. 曲线拟合与谱峰分辨

虽然原始数据包含了所有有价值的信息，但是，信息质量往往不高。通过上一部分介绍得到的数据图形，仅仅能够通过肉眼来判断不同数据之间的内在逻辑联系，大量的相关信息还需要借助不同的数学方法得以实现。Origin 软件可以进一步对数据图形进行处理，提取有价值的信息，特别是对物理化学实验中经常用到的谱图和曲线的处理具有独到之处。

① 数据曲线的平滑（去噪声）、谱图基线的校正或去数据背景　使用数据平滑可以去除数据集合中的随机噪声，保留有用的信息。最小二乘法平滑就是用一条曲线模拟一个数据子集，在最小误差平方和准则下估计模型参数。平滑后的数据可以进一步进行多次平滑或者多通道平滑。

② 数据谱图的微分和积分　物理化学实验中得到的许多谱图中常常"隐藏"着谱 y 对 x 的响应。例如两个难分辨的组分，其组合色谱响应图往往不能明显看出两个组分的共同存在，谱图显示的可能是单峰而不是肩峰。微分谱图（$dy/dx - x$）比原谱图（$y - x$）对谱特征的细微变化反应要灵敏得多，因此常常采用微分谱对被隐藏的谱的特征加以区分。在光谱和色谱中，对原信号的微分可以检验出能够指示重叠谱带存在的弱肩峰；在电化学中，对原信号的微分处理可以帮助确定滴定曲线的终点。

对谱图的积分可以得到特征峰的峰面积，从而可以确定化学成分的含量比。因此，在将重叠谱峰分解后，对各个谱峰进行积分，就可以得到化学成分的含量比。在 Origin 软件中提供了三种积分方法：梯形公式、Simpson 公式和 Cotes 公式。

③ 对曲线进行拟合、求回归一元或多元函数　对曲线进行拟合，可以从拟合的曲线中得到许多的谱参数，如谱峰的位置、半峰宽、峰高、峰面积等。但是需要注意的是所用函数数目超过谱线拐点数的两倍就有可能产生较大的误差，采用的非线性最小二乘法也不能进行全局优化，所得到的解与设定的初始值有关。因此，在拟合曲线时，设定谱峰的初始参数要尽可能接近真实解，这就要求需要采用不同的初始值反复试算。在有些情况下，可以把复杂的曲线模型通过变量变换的方法简化为线性模型进行处理。Origin 软件中能够提供许多拟和函数，如线性拟和（linear regression）、多项式拟和（polynomial regression）、单个或多个 e 指数方式衰减（exponential decay）、e 指数方式递增（exponential growth）、S 型函数（sigmoidal）、单个或多个 Gauss 函数和 Lorentz 函数等，此外用户还可以自定义拟和函数。

4. 实例

用 Origin 软件处理"纯液体饱和蒸气压的测定"实验数据。不同温度下乙醇的饱和蒸气压见表 1-5。

表 1-5　不同温度下乙醇的饱和蒸气压（$p_0 = 90.06$ kPa）

温度 t/℃	25.00	30.00	35.00	40.00	45.00	50.00
压力差 Δp/kPa	−81.47	−79.27	−76.00	−71.99	−66.90	−60.62

使用 Origin 处理实验数据时有以下操作步骤。

(1) 录入实验数据

打开 Origin9.1，在"Book1"窗口内"A(X)"列输入温度值，"B(Y)"列输入压力差，并录入实验数据，如图 1-5 所示。

(2) 计算"1/T"值

根据公式 $p = \Delta p + p_0$，计算纯液体乙醇的饱和蒸气压"p"值及"lnp"值。

① 点击菜单"Column/Add New Columns"，出现如图 1-6(a) 所示对话框，输入要添加的列的数目"2"，点击"OK"，即在"Book1"中增加了"C(Y)，B(Y)"两列，如图 1-6(b) 所示。

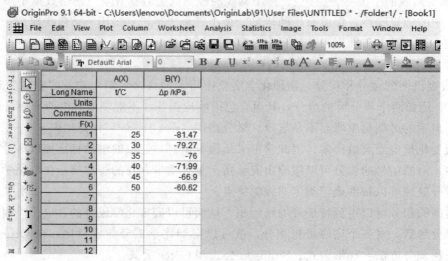

图 1-5　实验数据的录入

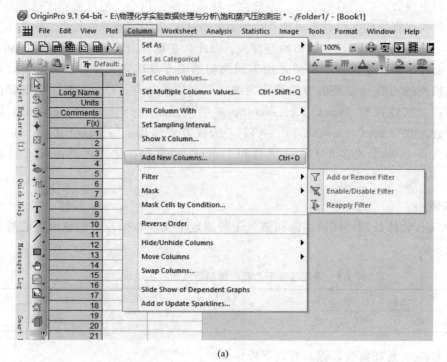

(a)

(b)

图 1-6　添加新列

② 将"C(Y)"设置为"C(X)":鼠标左键选中"C(Y)",点击鼠标右键选择"Set As/X",即可改变 Column C 的属性,"C(Y),B(Y)"两列更改为"C(X2),B(Y2)"。将"C(X2),B(Y2)"两列的名称"1/T,lnp"录入到列中。设置列的属性见图 1-7。

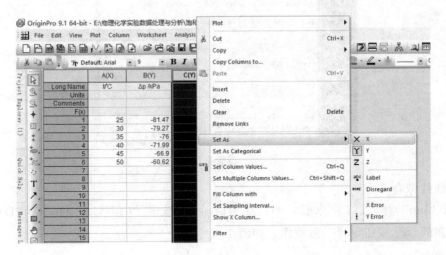

图 1-7　设置列的属性

③ 点击鼠标左键选中 Column "C(X2)",点击鼠标右键,选择"Set Column Values"出现对话框,在弹出的对话框中"Col(C)="下方,输入"1/T"的计算式"1/(col(A)+273.15)",点击"OK",即在 C(X2) 列中录入"1/T"的计算值,如图 1-8 所示。

图 1-8　设置列值 $1/T$

④ 点击鼠标左键选中 Column "D(Y2)",点击鼠标右键,选择"Set Column Values"出现对话框,根据 $\ln p = \ln(\Delta p + p_0)$ 的计算公式,在弹出的对话框中"Col(D)="下方,输入"lnp"的计算式"ln(col(B)+90.06)",点击"OK",即在 D(Y2) 列中录入"lnp"的计算值。此处"lnp"的计算式"ln(col(B)+90.06)"的输入可直接通过键盘输入上述符号和公式,如图 1-9 所示。

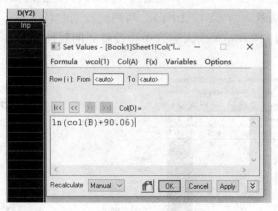

图 1-9　设置列值 ln$p$

(3) 线性拟合

① 以 "ln$p$" 对 "$1/T$" 作散点图：在 "Book1" 选中 "Col(C)" 和 "Col(D)" 两列，点击左下角的 按钮，得一散点图，如图 1-10 所示。

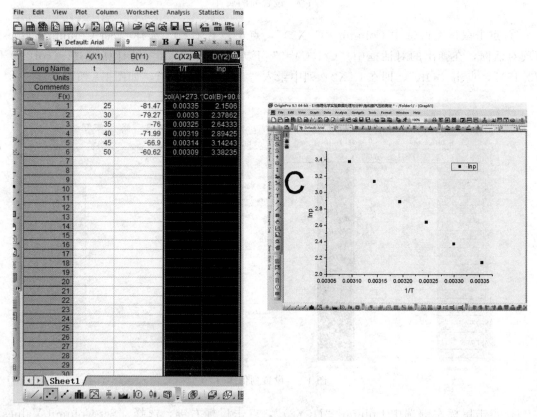

图 1-10　作散点图

② 进行线性拟合：在 "Graph1" 的窗口菜单中，依次选择 "Analysis/Fitting/Linear fit"，在图中即可出现拟合的直线，并且出现一拟合结果表格，显示有拟合直线方程的参数和相关系数等，如图 1-11 所示。

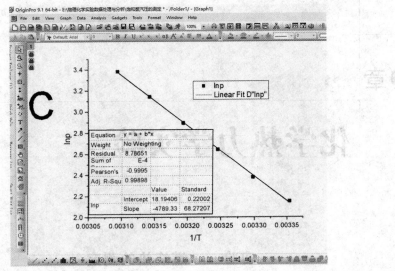

图 1-11　线性拟合处理

（4）求乙醇的正常沸点 T_b

将 $\ln p^{\ominus}$ 的值（4.6183）作为 Y 值代入到线性方程中，即 $4.6183 = 18.194 - 4789.3X$ 中，求出 X 值即为 $1/T_b$。

第二章

化学热力学实验

实验一 燃烧热的测定

一、预习要求

1. 明确化学反应热的含义；
2. 掌握等容热效应与等压热效应之间的关系；
3. 通读实验原理，标注不易理解的内容；
4. 了解实验步骤及数据的记录与处理；
5. 完成预习报告。

二、实验目的

1. 使用氧弹量热计测定蔗糖的燃烧热；
2. 掌握燃烧热的定义，深入了解等容燃烧热与等压燃烧热的关系；
3. 了解量热计主要部件的原理、构造和作用，掌握氧弹量热计的使用方法；
4. 学会雷诺图解法校正温度变化值。

三、实验原理

（一）燃烧与量热

根据热化学的定义，燃烧热是指 1mol 可燃物质被完全氧化时所放出的热量。其中完全氧化而得到的指定产物都是有明确规定的。例如，有机化合物中的 C 完全氧化后的指定产物为 $CO_2(g)$，H 的指定产物为 $H_2O(l)$ 等。燃烧热的测定除具有实际应用价值外，对于求算有机化合物的反应热、生成热，估算键能以及鉴定有机化合物的燃烧质量等均具有重要意义。

在热化学体系中，等容或等压条件下，可以分别测得等容燃烧热 Q_V 和等压燃烧热 Q_p。根据热力学第一定律，Q_V 等于体系内能变化 ΔU；Q_p 等于焓的变化 ΔH。对某一化学反应，若反应物或产物含有气相则按理想气体处理，同时在只有体积功的条件下，它们之间具有如下关系：

$$\Delta H = \Delta U + \Delta (pV) \tag{2-1}$$

$$Q_p = Q_V + (\Delta n)_\text{气} RT \tag{2-2}$$

上式中，当所有反应物和产物均为凝聚相时，$\Delta(pV)$ 相对等压燃烧热 Q_p 和等容燃烧

热 Q_V，因其数值很小，故可忽略，此时 $Q_p = Q_V$。但如果反应物或产物含有气相，则由理想气体定律 $\Delta(pV) = (\Delta n)_{\text{气}} RT$，代入式（2-1）则推导出 $Q_p = Q_V + (\Delta n)_{\text{气}} RT$。这样在本实验中，只需通过实验在等容条件下测定某一过程的燃烧热（Q_V），再由反应前后反应物和生成物中气体的物质的量之差，就可求算出另一过程的燃烧热（Q_p）。

（二）氧弹量热计

本实验所用氧弹量热计是一种环境恒温式的量热计。其基本原理是能量守恒定律。SHR-15$_B$ 燃烧热实验装置和氧弹的剖面图分别如图 2-1～图 2-3 所示。

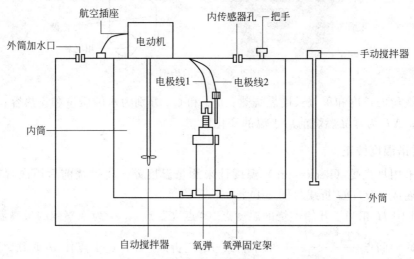

图 2-1　SHR-15$_B$ 燃烧热实验装置

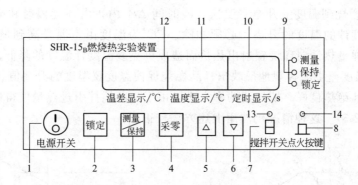

图 2-2　氧弹式量热计前面板示意图

1—电源开关；2—锁定键（锁定选择的基温）；3—测量/保持键；4—采零键；5—增时键；6—减时键；7—搅拌开关；8—点火按键；9—指示灯；10—定时显示窗口；11—温度显示窗口；12—温差显示窗口；13—搅拌指示灯；14—点火指示灯

在实验中，被研究体系的放热物质主要有：样品，引燃专用铁丝，还有少量酸（这项略去）。燃烧后放出的热量主要被氧弹量热计内水桶中的水所吸收，剩余部分热量被氧弹、水桶、搅拌器及温度计等吸收。若量热计与环境之间没有热交换，则有：

$$-\frac{m_{\text{样}}}{M}Q_V - lQ_l = (m_{\text{水}}C_{\text{水}} + C_{\text{计}})\Delta T \tag{2-3}$$

式中，$m_{\text{样}}$ 和 M 分别为样品的质量和摩尔质量；Q_V 为样品的等容燃烧热；l 和 Q_l 分别

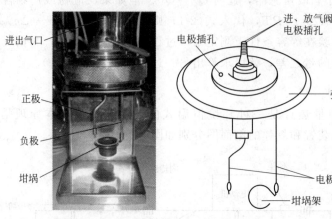

图 2-3 氧弹的构造

为专用引燃铁丝的长度和单位长度燃烧热；$m_水$ 和 $C_水$ 分别为水的质量和比热容；$C_计$ 为热量计的水当量；ΔT 为样品燃烧前后水温的变化值。

（三）雷诺温度校正

本实验采用贝克曼（Beckmann）温度计来测量温度差。将燃烧前后历次观察的水温对时间作图，连成 $FHIDG$ 折线（图 2-4）。

在图 2-4 中 H 相当于开始燃烧的温度点（"点火"点），D 为观察到的最高温度读数点，作温度曲线的中间点 $\dfrac{(T_{max} - T_{min})}{2}$ 的平行线 JI 交折线于 I，过 I 点作 ab 垂线，然后将 FH 线、DG 线外延交 ab 于 A、C 两点，A 点和 C 点所表示的温度差即为欲求温度的升高 ΔT。图中 AA' 为开始燃烧到温度上升至室温这一段时间 Δt_1 内，由环境辐射和搅拌引进的能量而造成贝克曼温度计的温度的升高，必须扣除。CC' 为温度由室温升高到最高点 D 这一段时间 Δt_2 内，氧弹量热计向环境辐射出热量而造成贝克曼温度计温度的降低，需要添加。因此，AC 两点的温度差更能客观地反映出样品燃烧促使温度仪温度的升高值。

当氧弹量热计绝热良好、搅拌器功率大时，由于不断搅拌引进热量使得燃烧后并不出现最高温度点（图 2-5）。这种情况仍然用上述方法校正。

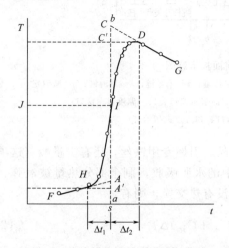

图 2-4 绝热较差时的雷诺校正曲线

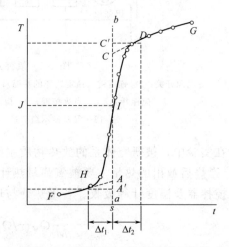

图 2-5 绝热良好时的雷诺校正曲线

四、仪器与试剂

仪器：氧弹量热计；数字贝克曼温度仪；点火控制器；氧气钢瓶；万用电表；温度计；压片机；分析天平；容量瓶；水桶；引燃专用铁丝；直尺；剪刀。

试剂：苯甲酸（A.R）；蔗糖（A.R）。

五、实验步骤

本实验采用已知燃烧热的苯甲酸作为标准物质测定仪器的水当量即 $C_{计}$，然后根据 $C_{计}$ 测定蔗糖的燃烧热。实验所用各物质的等容燃烧热如下（在标准压力下，25℃时）：苯甲酸 26460 J·g^{-1}，引燃铁丝 6694.4 J·g^{-1} 或 2.9 J·cm^{-1}，蔗糖 16526.8 J·g^{-1}。

（一）测定量热计的水当量

1. 样品制作

用台秤先称苯甲酸约 0.80g，在压片机上压成圆片后用镊子将样品放在称量纸上轻击数次，去除待测样品表面粉末后再用分析天平精确称量样品。

2. 缠引燃铁丝

将样品放置坩埚中部，截取约 10cm 无弯曲、无扭折的引燃铁丝。将引燃铁丝两端分别固定到氧弹的两电极上，使金属丝的中部与样品接触。

3. 装样充氧气

旋紧氧弹盖，用万用电表检查若两电极是通路，则旋紧出气口就可以充氧气。具体操作如下：卸下氧弹进气口的螺栓，换接上氧气表头的导气管的接头，打开氧气钢瓶总阀，然后再缓慢旋开减压阀门使低压表指针指在 2MPa，向氧弹中充入 2MPa 的氧气，1min 后关掉减压阀门，关闭总阀门，再松开导气管。将氧弹的进气螺栓旋紧。

4. 燃烧和测量温度

将氧弹放入氧弹量热计的恒温套层内，用容量瓶量取 3000mL 自来水倒入盛水桶中并浸没氧弹，然后装好搅拌电动机，把氧弹两极用导线与点火控制器相连接，盖上盖子后，将贝克曼温度计的温度探头插入水中，同时打开贝克曼温度计预热 10min，启动搅拌电动机，待温度稳定后，每隔 1min 记录一次温度。连续记录 5 次后，按下点火控制器的"点火"开关，通电点火。若控制器的点火指示灯亮后熄灭，且贝克曼温度计显示的温度数值同时迅速上升时，表明氧弹内样品已燃烧。反之，若指示灯即使加大电流仍不熄灭，贝克曼温度计显示的温度数值也不上升，则须打开氧弹检查原因。自按下点火开关后，读数由原来的 1min 一次改为每 15s 记录温度一次，直到当温度显示值增加至最高温度点后，将温度记录再改为 1min 记录温度一次，记录温度 5 次，停止实验。取出贝克曼温度计的温度探头，再取出氧弹，同时打开氧弹出气口放出余气。若样品燃烧完全，则将燃烧后剩下的引燃铁丝从电极上取下，并准确测量未燃烧的引燃铁丝长度。最后擦干氧弹和盛水桶待下次实验使用。

（二）蔗糖的燃烧热测量

称取约 1.2g 的蔗糖，同法进行一次上述实验操作。

六、实验数据记录及处理

① 将测定量热计的水当量及蔗糖的燃烧热所记录的温度与时间分别列表。

② 用雷诺温度作图法分别求出苯甲酸和蔗糖的燃烧热，计算出量热计温度的变化值 ΔT。

③ 依上法和有关数据计算蔗糖的等容燃烧热 Q_V 和等压燃烧热 Q_p。

七、思考讨论

① 固体样品为什么要压成片状？

② 在量热学测定中，还有哪些情况可能需要用到雷诺温度校正法？

③ 如何用蔗糖的燃烧热数据来计算蔗糖的标准生成热？

④ 如何选择样品用量？过多、过少对实验结果有何影响？

八、参考文献

[1] Shoemaker D P, Garland C W, Nibler J W. Experiments in Physical Chemistry. 5th edn. New York: McGraw-Hill Book Company, 1989.

[2] 北京大学化学系物理化学教研室编. 物理化学实验. 第3版. 北京：北京大学出版社，1995.

[3] 朱京，陈卫，金贤德，等. 液体燃烧热和苯共振能的测定. 化学通报，1984，3：50.

实验二 盐类溶解热的测定

一、预习要求

1. 了解积分溶解热、微分溶解热的概念；
2. 了解量热计热容的标定方法；
3. 通读实验原理，标注不易理解的内容；
4. 了解实验步骤及数据的记录与处理；
5. 完成预习报告。

二、实验目的

1. 理解积分溶解热的概念；
2. 掌握用电热补偿式量热计测定 KNO_3 的积分溶解热；
3. 掌握计温、量热的基本原理和测量方法；
4. 学会用雷诺图解法对非绝热因素引起的误差进行校正。

三、实验原理

在对化学反应过程进行热力学运算时，除燃烧热、生成热外，溶解热也是重要的热化学数据之一；特别是在溶液状态下，必须知道物质的溶解热，才能准确地算出反应热。

溶解热是溶质溶解于溶剂所发生的热效应。盐类的溶解通常包含两个同时进行的过程：一是晶格的破坏，为吸热过程，二是离子的溶剂化，即离子的水合作用，为放热过程。溶解热则是这两个热效应的总和，它有积分溶解热和微分溶解热两种。

积分溶解热是指恒温等压下，将 1mol 溶质溶解于 n mol 溶剂中所产生的热效应，简称溶解热，用符号 $\Delta_{sol}H$ 表示。微分溶解热是一种定浓度的溶解热，可以认为是把 1mol 溶质溶于大量的、一定浓度的溶液时所产生的热效应，或者在一定量溶液中加入极少量的（dn mol）溶质时产生的热效应。积分溶解热可通过实验测定得到。

测量热效应的仪器称为量热计。量热计一般可分为两类：一类是等温量热计，其本身的温度在量热过程中始终不变，所测得的量为体积的变化，如冰量热计等；另一类是经常采用的测温量热计，它本身的温度在量热过程中会改变，通过测量温度的变化进行量热，这种量热计又分为环境等温式和绝热式两种。本实验所采用的是绝热式测温量热计。它是一个包括量热容器、搅拌器、电加热器和温度计等的量热系统。量热容器是容量为 300mL 的杜瓦瓶，电加热器是伸入杜瓦瓶的加热线圈，温度计使用的是数字贝克曼温度计。量热计的性质决定所测定的是 ΔU（$=Q_V$）或 ΔH（$=Q_p$）。

根据热力学第一定律：

$$\Delta U = Q_V = C_V \Delta T \tag{2-4}$$

$$\Delta H = Q_p = C_p \Delta T \tag{2-5}$$

在量热过程中，为了获得 ΔU 或 ΔH，必须求得 C_p（或 C_V）和 ΔT。显然这里的 C_p 是量热容器中各物质电热容的总和（包括杜瓦瓶、搅拌器、电加热器和贝克曼温度计浸入水中的各个部分），它不仅不易算出，而且随温度变化，是一个难以确定的量。在实验条件稳定的情况下，可以认为比热容 C 是一个定值。为了测量 C，可以在与待测热量接近 ΔH 范围内，对量热系统输入一定的已知热量 $Q_{已知}$，则：

$$Q_{已知} = C \Delta T_1 \tag{2-6}$$

显然，测出 ΔT_1 即可算出 C，这一过程可通过电加热实现。此处 C 称为能当量（介质为水时称为水当量）。然后使待测热效应（溶解过程）在系统中进行，测得其温度改变数值 ΔT_2，由式(2-7)可计算出待测物溶解过程的热效应 $Q_{待测}$，即溶解热。

$$C\Delta T_2 = Q_{待测} \tag{2-7}$$

显而易见，要获得准确的溶解热数据，主要是测定出准确的比热容 C 及加热和溶解过程温度改变值 ΔT_1 和 ΔT_2，下面分别予以讨论。

1. 量热计的标定及比热容 C 的测定

在电加热器中通过一定的电流 I（以安培表示），测出加热器两端的电压 U（以伏特表示）和通电时间 t（以秒表示），根据焦耳定律，电加热产生的热量为 $Q_电 = UIt$，其中，电压 U 与电流 I 的乘积等于电功率 P，因此，$Q_电 = Pt$。又因为热效应 $Q_电 = C\Delta T_电$，可得：

$$C = \frac{Q_电}{\Delta T_电} = \frac{Pt}{\Delta T_电} \tag{2-8}$$

2. 温度改变值的获得和校正

量热时，除对热效应指定温度外，不一定要确定温度的绝对值，但无论在第一步标定量热计的能当量和第二步的测定热效应时，都要通过测量温度以确定量热计的温度改变值。首先，在实际量热过程中，应该使加热和溶解两个阶段的温度改变值 ΔT_1 和 ΔT_2 在同一温度计的相同温度区域内，数值应该尽量接近，这样由温度计本身的不均匀性所产生的误差就可以抵消掉。其次，应该考虑到温度计的指示值并不能把实际温度立即反映出来的热惰性往往会造成观测时的滞后现象。因此，量热时不仅要精确地测量始、末态的温度以求出 ΔT，还必须对影响 ΔT 的因素进行校正。这些因素包括热传导、蒸发、对流、辐射所引起的热交换和搅拌器运转时所引入的搅拌热等。本实验采用雷诺图解法对 ΔT 进行温度校正，具体方法见实验一燃烧热的测定。

本实验采用电加热法标定量热计所得比热容 C 测定 KNO_3 的无限稀释溶解热。称取 m（g）KNO_3（分子量为 M）溶于无限稀释的水中，测得其温度改变值 $\Delta T_溶$，则：

$$\Delta H = \frac{C\Delta T_溶 M}{m} \tag{2-9}$$

将式(2-8)中 C 和实验值代入式(2-9)得：

$$\Delta H = Q_溶 = \frac{\left(\dfrac{Pt}{\Delta T_电}\right)\Delta T_溶 M}{m} \tag{2-10}$$

所求得的 ΔH 就是1mol KNO_3 溶解于无限稀释水溶液的积分溶解热。

四、仪器与试剂

仪器：SWC-RJ 溶解热测定装置；数字贝克曼温度计；容量瓶；电磁搅拌器；分析天平；电加热器；称量瓶。

试剂：KNO_3（A.R）；蒸馏水。

五、实验步骤

① SWC-RJ 溶解热测定装置前面板示意图如图 2-6 所示。

② 用容量瓶量取 300mL 蒸馏水倒入杜瓦瓶中，盖好量热计的盖子，打开电磁搅拌器开始搅拌。

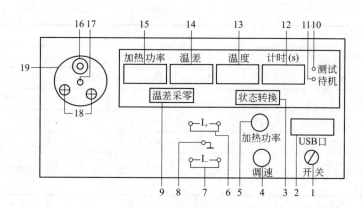

图 2-6　SWC-RJ 溶解热测定装置前面板示意图

1—电源开关；2—USB 口；3—状态转换键；4—调速旋钮；5—加热功率旋钮；6—正极接线柱；7—负极接线柱；8—接地接线柱；9—温度采零；10—测试指示灯；11—待机指示灯；12—计时显示窗口；13—温度显示窗口；14—温差显示窗口；15—加热功率显示窗口；16—加料口；17—传感器插入口；18—加热丝引出端；19—固定架

③ 将 KNO_3 固体研磨，称取 3.6g 倒入称量瓶中，用分析天平准确称出称量瓶和 KNO_3 的质量，记作 m_1。

④ 稳定阶段一：观察数字贝克曼温度计的温差读数，按下仪器上秒表按钮，每隔 1min 记录一次温差读数（注意：不是温度读数），此为记录数据的第一阶段。

⑤ 溶解阶段：温差变化率稳定 5min 后，在第 6min 时，通过漏斗加入称量瓶中的 KNO_3（加入所用的时间要尽可能少，同时要保证 KNO_3 不能有损失）。然后，每隔 15s 记录一次数据，直到温差读数缓慢回升，即 KNO_3 溶解完全，此为记录数据的第二阶段。

⑥ 稳定阶段二：温差读数缓慢回升后记录数据，稳定 5min，每分钟记录一次数据，此为记录数据的第三阶段。

⑦ 加热阶段：接通加热线圈电路，迅速调节功率旋钮至读数为 2.5W，用电加热器加热，在加热期间，每隔 1min 记录一次温差数据，直至温差回升到比加入 KNO_3 以前（第一阶段）的最高温度低 0.1℃ 时，断开电路，停止加热，同时准确记录加热时间 $t_{加热}$，此为记录数据的第四阶段。

⑧ 稳定阶段三：断开电路停止加热后，每隔 1min 记录一次温差数据，直到温差变化率稳定 5min 为止，此为记录数据的第五阶段。

⑨ 切断所有电源，打开量热计，检查 KNO_3 是否有损失，如有，此次实验失败，需要重做。

⑩ 用分析天平准确称出称量瓶的质量，记作 m_2，则溶解的 KNO_3 总质量为 $m = m_1 - m_2$。

六、实验数据记录及处理

按照表 2-1 记录实验结果。

表 2-1　实验数据记录

第一阶段						
加入 KNO_3 前	时间/min	1	2	3	4	5
	温度/℃					

续表

第二阶段													
加入 KNO_3	时间/min	1				2				3			…
	时间/s	0	15	30	45	0	15	30	45	0	15	30	45
	温度/℃												

第三阶段							
开始加热前	时间/min	1	2	3	4	5	
	温度/℃						

第四阶段						
开始电加热后	时间/min	1	2	3	4	…
	温度/℃					

第五阶段							
停止加热	时间/min	1	2	3	4	5	6
	温度/℃						

利用以上数据绘出温差读数（T）-时间（t）曲线，按雷诺图解法校正后，分别求出 $\Delta T_溶$ 和 $\Delta T_电$。将 $\Delta T_溶$、$\Delta T_电$、记录的 $t_{加热}$、加热功率 P 代入式(2-10) 中求出 ΔH。

七、思考讨论

① 讨论在溶液状态下，利用溶解热数据求反应热的理论依据。
② 指出比热容 C（水当量）的实际含义。
③ 分析实验中温差 ΔT 的各种影响因素。
④ 提出在此实验基础上进一步提高实验准确度的途径。

八、实验注意事项

① 实际称量前要进行研磨，否则会因为颗粒过大而影响溶解时间。
② 倒掉废液时注意先把搅拌子取出，以防丢失。
③ 欲得到准确的实验结果，必须保证试样全部溶解。

九、参考文献

[1] 杨锐，雷娇，李鹏，等. 硝酸钾溶解热测定实验的改进. 广州化工，2014，42（2）：34-35.
[2] 郑传明，王良玉，劳捷. 溶解热测定实验的改进. 实验技术与管理，2008，25（12）：45-46.
[3] 胡荣祖，梁燕军，杨正权. 308.15K 时氯化钾在水中的溶解热. 化学工程，1987，4.

实验三　差热分析

一、预习要求

1. 了解热分析方法、原理、测量技术及应用；
2. 通读实验原理，标注不易理解的内容；
3. 了解实验步骤及数据的记录与处理；
4. 完成预习报告。

二、实验目的

1. 用 ZCR-Ⅰ差热分析仪测定 $CuSO_4 \cdot 5H_2O$ 的热谱图，并定性解释所得的差热图谱；
2. 掌握差热分析的基本原理、实验方法及差热分析仪的构造。

三、实验原理

差热分析是在程序控制温度下测定物质和参比物之间的温度差和温度的关系的一种技术。物质在加热或冷却过程中的某一特定温度下，往往会发生伴随有吸热或放热效应的物理、化学变化，如晶型转变、熔化、分解、沸腾、化合、升华、蒸发、吸附、脱附等物理、化学变化。其表现为该物质与外界环境之间有温度差。如果能选择一种在实验温度范围内不会发生任何物理或化学变化且对热稳定的物质（如 $\alpha\text{-}Al_2O_3$、煅烧后的氧化镁、石英砂或镍等）作为参比物，将其与待测样品一起置于相同控制温度的程序中，测量参比物的温度以及待测样品与参比物之间的温度差。以温差对温度作图就可得到一条差热分析图谱。从差热图谱中即可获得一些有关热力学和动力学方面的信息。结合其他测试手段，可对待测物质的组成、结构或转化温度、相变温度、热效应变化过程的机理进行深入研究。

在进行差热分析实验时，将待测物质和参比物同置于导热良好的保持器里，保持器放在一个可以按所规定的升温速率，程序升温或降温的电炉中，然后通过热电偶和温差电偶记录保持器温度以及热谱图，如图 2-7 所示。当待测物质没有发生变化时，被测物质与参比物温度相同，二者温差 ΔT 为零，如差热图谱上 ab、de、gh 线段，此线称为基线。当待测物质发生变化时，被测物质与参比物质温度会不一致，此时差热图谱的曲线上就会出现吸热峰（如差热图谱上 bcd 线段）或放热峰（如差热图谱上 efg 线段）。通常规定吸热峰 ΔT 为负值，放热峰 ΔT 为正值，直到过程变化结束，经热传导被测物质和参比物温度趋于一致时，又恢复水平线段。

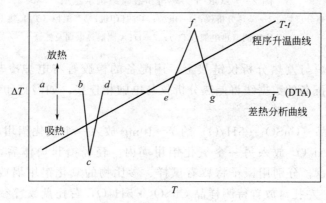

图 2-7　理想的差热图

一个热效应所对应的峰位置和方向反映了物质变化的本质；其宽度、高度和对称性，除与测定条件有关外，往往还取决于样品变化过程的各种动力学因素。在实际测量中，通常所选用的参比物与待测物质在热容、热导率、填充的致密度、样品量、粒度大小等可能不会完全相同，同时在样品测试过程中可能发生收缩或膨胀。实验表明，峰的外推起始温度 T_e 比峰顶温度 T_p 所受影响要小得多，同时，它与用其他方法求得的反应起始温度也较一致。因此国际热分析协会决定，以 T_e 作为反应的起始温度，并可用以表征某一特定物质。T_e 的确定方法如图 2-8 所示，其中 T_e 由两曲线的外延交点确定。然而，由于样品与参比物以及中间产物的物理性质不尽相同，再加上样品在测定过程中可能发生的体积变化等因素，往往使得基线发生漂移，甚至一个峰的前后基线也不在一直线上，此时 T_e 的确定需较细心。

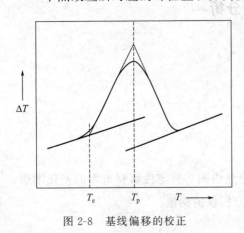

图 2-8　基线偏移的校正

四、仪器与试剂

仪器：ZCR-Ⅰ差热实验装置；氧化铝坩埚；镊子；橡胶管研钵；双控绝缘小瓷管（孔径约1mm）。

试剂：α-Al_2O_3（分析纯）；$CuSO_4 \cdot 5H_2O$（分析纯）。

五、实验步骤

① ZCR-Ⅰ差热分析装置主要由差热分析炉（电炉）、差热分析仪、温度传感器、差热分析软件、电脑和打印机组成。ZCR-Ⅰ差热分析装置结构见图 2-9，ZCR-Ⅰ差热分析电炉结构示意图见图 2-10。

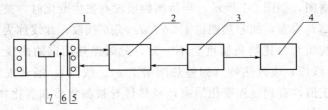

图 2-9　ZCR-Ⅰ差热分析装置结构示意图

1—差热分析炉；2—差热分析仪；3—电脑；4—打印机；5—温控（T_S）热电偶；
6—参比物测温热电偶（T_0）；7—DTA 测温热电偶及托盘

② 将差热分析炉与差热分析仪链接上，用配备的橡胶管将电炉冷却水接嘴与自来水（冷却液）连接。用配备的数据线将差热分析仪与电脑相连接，如需打印须将电脑与打印机链接。

③ 称取待测样品（$CuSO_4 \cdot 5H_2O$）约 7~10mg 放入一个氧化铝坩埚内，将同样质量被煅烧的参比物 α-Al_2O_3 放入另一个氧化铝坩埚内。轻轻抬起炉体后，逆时针旋转炉体（90°），露出样品托盘，分别用镊子将盛有试样、参比物的氧化铝坩埚放置在两只托盘上，以炉体正面为基准，左托盘放置待测样品 $CuSO_4 \cdot 5H_2O$，右托盘放置参比物 α-Al_2O_3，然后顺时针转动炉体，当炉体对准定位孔时，向下轻轻放下炉体，打开冷却水。

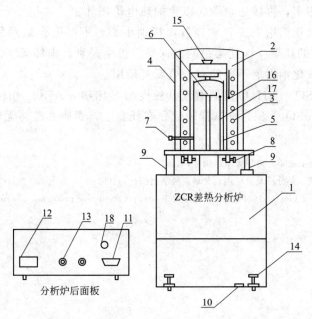

图 2-10　ZCR-Ⅰ差热分析电炉结构示意图

1—电炉座；2—炉体；3—电炉丝；4—保护罩；5—炉管；6—坩埚托盘及差热热电偶；7—炉管调节螺栓；8—炉体固紧螺栓；9—炉体定位（右）及升降杆（左）；10—水平仪；11—热电偶输出接口；12—电源插座；13—冷却水接口；14—水平调节螺丝；15—炉膛端盖；16—炉温热电偶；17—参比物测温热电偶；18—冷端传感器输出

④ 接通差热分析仪电源，待仪器进入准备工作状态，根据实验所需在差热分析仪前面板上进行参数设置，升温速率控制为 $10℃·min^{-1}$，最高温度可设定在 450℃，设置完毕，按一下"$T_O/T_S/T_G$"键，仪器进入升温状态。

⑤ 在记录仪上将出现温度和温差随时间变化的两条曲线。同时详细记录各测定条件。

⑥ 实验结束，按操作规程关闭仪器。

六、实验数据记录及处理

① 试从测定样品的原始数据，作出以 ΔT 对 T 表示的差热分析曲线。

② 从 $CuSO_4·5H_2O$ 脱水的差热曲线上确定各脱水温度，并根据热普图推测各峰所代表的可能反应，写出反应方程式。

③ 指明样品脱水过程出现热效应的次数，各峰的外推起始温度 T_e 和 T_p。从峰的重叠情况和 T_e、T_p 数值讨论升温速率对差热分析曲线的影响。

七、思考讨论

① 选择参考物有什么要求？为什么？

② 根据无机化学知识和差热峰的面积讨论 5 个结晶水与 $CuSO_4$ 结合的可能形式。

③ 在什么情况下，升温过程与降温过程所得到的差热分析结果相同？在什么情况下，只能采用升温或降温方法？

八、实验注意事项

① 加热器电源线的连接，应在差热分析仪接通电源前，将差热分析仪和差热分析炉的电源线先连接好，连接牢固。

② 必须先通冷却水，再接通电源，以免加热电炉损坏。

③ 用镊子取放氧化铝坩埚要轻拿轻放，特别小心，不可把样品弄翻；托、放炉体时不得挤压和碰撞放坩埚的托架（该托架是测温探头，价格昂贵，损坏无法修复）。

④ 反应完毕，氧化铝坩埚不要遗弃，可反复使用。

⑤ 待测样品 $CuSO_4 \cdot 5H_2O$ 需研磨使其粒度与参比物 $\alpha\text{-}Al_2O_3$ 相仿且填装的紧密程度尽可能一致，同时 $CuSO_4 \cdot 5H_2O$ 试样须放在右托盘上，否则实验将无法实现。

九、参考文献

[1] 李余增. 热分析. 北京：清华大学出版社，1987.

[2] 陈镜泓，李传儒. 热分析及其应用. 北京：科学出版社，1985.

[3] Peter J H. Thermal methods of analysis, principles, applications and problems. Thermochimical Acta, 1997, 307(2)：205-206.

实验四 凝固点降低法测定摩尔质量

一、预习要求

1. 掌握稀溶液依数性的概念及其应用;
2. 会利用稀溶液依数性计算未知物的摩尔质量;
3. 掌握步冷曲线的含义;
4. 通读实验原理,标注不易理解的内容;
5. 了解实验步骤及数据的记录与处理;
6. 完成预习报告。

二、实验目的

1. 通过本实验加深对稀溶液依数性的理解;
2. 掌握溶液凝固点的测量技术;
3. 用凝固点降低法测定萘的摩尔质量。

三、实验原理

固体溶剂与溶液呈平衡的温度称为溶液的凝固点。含非挥发性溶质的双组分稀溶液的凝固点低于纯溶剂的凝固点。凝固点降低是稀溶液依数性的一种表现。当确定溶剂的种类和数量后,溶剂凝固点降低值仅取决于所含溶质分子的数目。对于理想溶液,根据相平衡条件,稀溶液的凝固点降低与溶液成分的关系由范特霍夫凝固点降低公式给出:

$$\Delta T_f = \frac{R(T_f^*)^2}{\Delta_f H_m(A)} \times \frac{n_B}{n_A + n_B} \tag{2-11}$$

式中,ΔT_f 为凝固点降低值;T_f^* 为纯溶剂的凝固点;$\Delta_f H_m(A)$ 为摩尔凝固热;n_A 和 n_B 分别为溶剂和溶质的物质的量。当溶液浓度很稀时,$n_B \ll n_A$,则:

$$\Delta T_f = \frac{R(T_f^*)^2}{\Delta_f H_m(A)} \times \frac{n_B}{n_A} = \frac{R(T_f^*)^2}{\Delta_f H_m(A)} \times M_A m_B = K_f m_B \tag{2-12}$$

式中,M_A 为溶剂的摩尔质量;m_B 为溶质的摩尔质量浓度;K_f 为凝固点降低常数。

如果已知溶剂的凝固点降低常数 K_f,并测得此溶液的凝固点降低值 ΔT_f,以及溶剂和溶质的质量 m_A、m_B,则溶质的摩尔质量由下式求得:

$$M_B = K_f \frac{m_B}{\Delta T_f m_A} \tag{2-13}$$

应该注意,如果溶质在溶液中有解离、缔合、溶剂化和配合物形成等情况时,不能简单地运用式(2-13)计算溶质的摩尔质量。显然,溶液凝固点降低法可用于热力学性质的研究,例如电解质的电离度、溶质的缔合度、溶剂的渗透系数和活度系数等。

纯溶剂的凝固点是其液相和固相共存时的平衡温度。将纯溶剂逐步冷却时,在未凝固前温度将随时间均匀下降,开始凝固后因放出凝固热而补偿了热损失,体系将保持液-固两相共存的平衡温度不变,直到全部凝固,温度再继续均匀下降,其冷却曲线见图 2-11 中的(a)。但实际过程中经常发生过冷现象,即在过冷而开始析出固体时,放出的凝固热才使体系的温度回升到平衡温度,待液体全部凝固后,温度再逐渐下降,其冷却曲线见图 2-11 中的(b)。

溶液的凝固点是溶液与溶剂的固相共存时的平衡温度,若要精确测量,难度较大。当将溶液逐步冷却时，其步冷曲线与纯溶剂不同。由于溶液冷却时有部分溶剂凝固析出，剩下溶液的浓度逐渐增大，因而剩余溶液与溶剂固相的平衡温度也在逐渐下降，出现图 2-11 中 (c) 的形状。如果溶液的过冷程度不大，析出固体溶剂的量对溶液浓度影响不大，则以过冷回升的温度作凝固点，对测定结果影响不大［见图 2-11 中的 (d)］。如果过冷太甚，凝固的溶剂过多，溶液的浓度变化过大，则出现图 2-11 中 (e) 的情况，这样就会使凝固点的测定结果偏低，影响溶质摩尔质量的测定结果。因此在测量过程中应该设法控制适当的过冷程度，一般可通过控制寒剂的温度、搅拌速度等方法来达到。

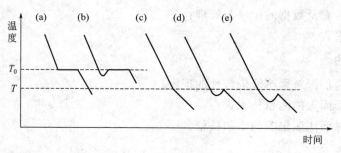

图 2-11　步冷曲线

四、仪器与试剂

仪器：SWC-LG$_D$ 凝固点实验装置；分析天平；移液管；压片机。

试剂：环己烷（A.R）；萘（A.R）。

五、实验步骤

1. 仪器安装

SWC-LG$_D$ 凝固点实验装置见图 2-12。

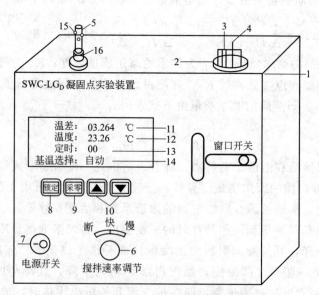

图 2-12　SWC-LG$_D$ 凝固点实验装置

1—机箱；2—凝固点测定口（空气套管口）；3—传感器插孔；4—搅拌棒；5—螺杆；6—搅拌速率调节旋钮；
7—电源开关；8—锁定键；9—采零键；10—定时键；11—温差显示；12—温度显示；
13—定时显示；14—基温选择；15—定位孔；16—紧固螺母

2. 调节制冷系统温度

根据实验需要设定制冷系统温度（本实验选取溶剂为环己烷，温度设定为3℃左右），打开低温恒温槽外循环，当冷却系统降至设定温度，打开水流阀。

3. 溶剂凝固点的测定

用移液管取 25mL 环己烷加入样品管中，注意不要将环己烷溅到管壁上。盖好样品管盖，以免环己烷挥发。

先将盛有环己烷的样品管直接浸入制冷系统的冷水浴中，上下快速搅拌，使溶剂逐步冷却，但需控制冷却温度，不要使环己烷在管壁结成块状晶体。当有固体析出时，立即将样品管插入空气套管中，快速均匀地搅拌，待温度稳定，读出环己烷的粗测凝固点。

取出样品管，手动搅拌让样品自然升温并全部熔化，此时样品管中样品缓慢升温，当样品管温度升至高于初测凝固点 0.5℃时，将样品管放入空气套管中并连接好搅拌系统，将搅拌速度调至慢档，当温度低于粗测凝固点 0.2℃时，应调节搅拌速度为快速，加快搅拌，促使固体析出，温度开始上升，注意观察温差显示值，直至稳定，此温度即为环己烷的凝固点。

重复测定三次，要求溶剂凝固点的绝对平均误差小于±0.003℃。

4. 溶液凝固点的测定

取出样品管，使管中环己烷熔化。加入事先压成片状、并已精确称量的萘片（所加的量约使溶液的凝固点降低 0.5℃）。测定该溶液凝固点的方法与纯溶剂相同，但溶液的凝固点取过冷后温度回升所达到的最高温度。重复测定三次，要求其绝对平均误差小于±0.003℃。

六、实验数据记录及处理

① 用 $\rho_t = 0.7971 - 0.8879 \times 10^{-3} t$ 计算室温 t℃时环己烷的密度，计算出所取环己烷的质量 m_A。

② 将实验数据记入表 2-2 中。

表 2-2 凝固点降低实验数据

物质	质量	凝固点		凝固点降低值
		测量值	平均值	
环己烷		1		
		2		
		3		
萘		1		
		2		
		3		

③ 由测定的纯溶剂、溶液凝固点 T_f^*、T_f，计算萘的摩尔质量，并判断萘在环己烷中的存在形式。

七、思考讨论

① 冷却过程中，样品管内液体有哪些热交换存在？它们对凝固点的测定有何影响？

② 当溶质在溶液中有解离、缔合、溶剂化和形成配合物的情况时，测定的结果有何意义？

③ 加入溶剂中溶质的量应如何确定？加入量过多或过少将会有何影响？

④ 估算实验测量结果的误差，说明影响测量结果的主要因素。

八、实验注意事项

① 搅拌速度的控制是做好本实验的关键，每次测定应按要求的速度搅拌，并且测溶剂与溶液凝固点时搅拌条件要完全一致。

② 寒剂温度对实验结果也有很大影响，过高会导致冷却太慢，过低则测不出正确的凝固点。

九、备注

几种溶剂的凝固点降低常数见表 2-3。

表 2-3　几种溶剂的凝固点降低常数

溶剂	水	乙酸	苯	环己烷	环己醇	萘	三溴甲烷
T_f^*/K	273.15	289.75	278.65	279.65	297.05	383.5	280.95
$K_f/K \cdot kg \cdot mol^{-1}$	1.86	3.90	5.12	20	39.3	6.9	14.4

十、参考文献

[1] 陈武锋，陈铭之，龚桦，等. 凝固点降低法测摩尔质量实验方法的改进. 物理化学教学文集. 北京：高等教育出版社，1986：216.

[2] Nash L. K 著. 稀溶液的依数性定律. 谢高阳译. 化学通报，1982，10：49.

[3] 高建安. 关于稀溶液依数性 $\Delta T = K \cdot m$ 公式的讨论. 化学通报，1980，9：426.

实验五　纯液体饱和蒸气压的测定

一、预习要求

1. 了解饱和蒸气压、正常沸点、平均摩尔汽化热等概念，理解克劳修斯-克拉贝龙方程式；
2. 了解实验装置的原理和方法；
3. 通读实验原理，标注不易理解的内容；
4. 了解实验步骤及数据的记录与处理；
5. 完成预习报告。

二、实验目的

1. 掌握纯液体饱和蒸气压的定义和气液两相平衡的概念；
2. 深入了解纯液体饱和蒸气压与温度的关系（克劳修斯-克拉贝龙方程式）；
3. 测定不同温度时纯乙醇的饱和蒸气压；
4. 初步掌握真空实验技术。

三、实验原理

处于密闭真空容器中的纯液体，在一定温度下，动能较大的分子从气相表面逃逸形成蒸气，随着蒸气分子的增加，气体分子的距离减小，压力增大。当蒸气分子距离减小到一定程度，蒸气分子因碰撞又凝结成液相。当分子由液相进入气相和由气相进入液相的速率相等时，就达到了动态平衡，此时气相中的蒸气密度不再改变，因而蒸气压力具有确定的数值。在一定温度下，与纯液体处于平衡状态时的蒸气压力，就称为该温度下的饱和蒸气压。

纯液体的蒸气压随气液平衡的温度而改变，当温度升高时，有更多的高动能分子能够进入气相，因而蒸气压增大；反之，温度降低时，则蒸气压减小。当液体处于敞开系统中，蒸气压与外界压力相等时，液体便沸腾，此时液体的温度称为沸点；外压不同，液体的沸点也不同。当外压为一个标准大气压的沸腾温度称为液体的正常沸点。

纯液体的饱和蒸气压是随温度变化而改变的，它们之间的关系可用克劳修斯-克拉贝龙（Clausius-Clapeyron）方程式来表示。

$$\frac{\mathrm{d}\ln p^*}{\mathrm{d}T} = \frac{\Delta_\mathrm{v} H_\mathrm{m}}{RT^2} \tag{2-14}$$

式中，p^* 为纯液体在温度 T 时的饱和蒸气压；T 为热力学温度；$\Delta_\mathrm{v} H_\mathrm{m}$ 为液体摩尔汽化热；R 为气体常数。如果温度变化的范围不大，$\Delta_\mathrm{v} H_\mathrm{m}$ 可视为定值，即平均摩尔汽化热。将上式积分，可以得到：

$$\ln p^* = -\frac{\Delta_\mathrm{v} H_\mathrm{m}}{RT} + C \tag{2-15}$$

式中，C 为积分常数，其数值与饱和蒸气压 p^* 的单位有关。

由上式可知，在一定温度范围内，测定不同温度下的饱和蒸气压，以 $\ln p^*$ 对 $1/T$ 作图，可得一条直线。由该直线的斜率可求得实验温度范围内液体的平均摩尔汽化热 $\Delta_\mathrm{v} H_\mathrm{m}$，也可以测定纯液体正常沸点。

测定饱和蒸气压常用的方法有动态法、静态法。本实验采用静态法，即将被测物质放在一个密闭的体系中，测量不同温度下相应的饱和蒸气压，通常用等压计进行测定。

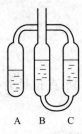

图 2-13 等压计

等压计如图 2-13 所示。A、B、C 三个管中都是待测的纯液体。A 管与 C 管、C 管与 B 管均通过 U 形管连通。B 管上端连接密闭系统。C 管液面的压力来自 A 管纯液体的蒸气压，B 管液面的压力是密闭系统的压力，可以通过连接的压力计测定出来。当 C 管与 B 管中液面在同一水平时，表示两管液面上的压力相等，也就是 A 管中饱和蒸气的压力等于 B 管上密闭系统的压力，该压力可以通过与密闭系统相连的数字压力计测定出来。

四、仪器与试剂

仪器：DP-AF-Ⅱ型饱和蒸气压实验装置；真空泵；数字气压表；恒温槽；温度计。

试剂：无水乙醇。

五、实验步骤

1. 实验装置

DP-AF-Ⅱ型饱和蒸气压实验装置前面板示意图如图 2-14 所示。

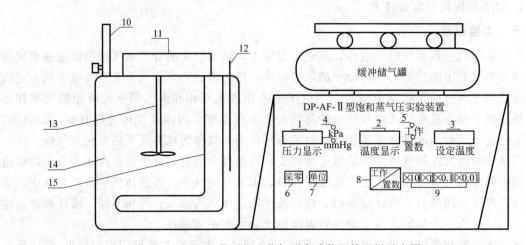

图 2-14 DP-AF-Ⅱ型饱和蒸气压实验装置前面板示意图

1—压力显示窗口；2—温度显示窗口；3—设定温度显示窗口；4—指示灯；5—工作、置数指示灯；
6—采零键；7—单位键；8—工作/置数转换按键；9—温度设置增、减键；10—可升降支架；
11—电机盒；12—温度传感器；13—搅拌器；14—玻璃水槽；15—加热器

2. 测定不同温度下纯液体的饱和蒸气压

① 装样 从加样口加无水乙醇，并在 U 形管内装入一定体积的无水乙醇。打开数字压力计电源开关，预热 5min。

② 数字压力计调零点 打开系统与大气的活塞，使系统与大气连通，数字压力计的读数应当为零；如果读数不为零，按下压力计零点调节按钮。

③ 检查系统是否漏气 关闭与大气连通的活塞，打开与真空泵和密闭系统连通的活塞，接通真空泵电源开始抽气至压力计显示压差为 −80kPa，先关闭真空泵和系统的活塞，再关闭真空泵电源，如压力计示数能在 3~5min 内维持不变，则系统不漏气，可以进行实验。

④ 调节恒温槽的温度比大气温度高 3~5℃，启动真空泵，小心打开系统与真空泵相通的活塞，缓慢抽气。当等压计内的乙醇沸腾（压力计读数为 −84kPa 左右），先关闭系统与

真空泵相通的活塞,再切断真空泵的电源。小心旋转系统与大气连通的活塞,缓慢增大系统的压力,当等压计两侧液面在同一水平面时,关闭活塞。记录恒温槽的温度和压力计的读数。

⑤ 调节恒温槽的温度比步骤④的温度高 3~5℃,重复步骤④的操作,测定该温度下的饱和蒸气压。

⑥ 按上述方法,由低到高依次测定 6 次不同温度下乙醇的饱和蒸气压。

⑦ 记录进行实验时的室温和大气压。

六、实验数据记录及处理

① 设计实验数据记录表,正确记录全套原始数据并填入演算结果。

② 绘出 $\ln p^*$ 对 $1/T$ 的直线图。根据直线的斜率计算被测液体的平均摩尔汽化热 $\Delta_v H_m$。

③ 计算该液体在标准压力下的沸点,并与文献值比较。

七、思考讨论

① 如何判断纯液体的温度与水浴的温度达到一致?

② 实验过程中,是否每一次都要记录大气的压力?

八、参考文献

[1] 尹波,黄桂萍,曹利民,等. 液体饱和蒸气压的测定实验的讨论. 江西化工,2008,2:122-123.

[2] 李国德,辛士刚. 纯液体饱和蒸气压测定实验装置的改进. 沈阳师范学院学报(自然科学版),1997,15(2):51-53.

[3] 龚楚清,邓媛,邓立志,等. 纯液体饱和蒸气压测定实验中新型平衡管的应用. 化学通报,2015,78(10):956-959.

[4] 郑秋容,朴银实,鲍明伟. 物理化学实验改进——液体饱和蒸气压的测定. 价值工程,2010,8:185-186.

实验六 双液系的气液平衡相图

一、预习要求

1. 了解完全互溶双液系、相律、液体的沸点、$T\text{-}x$ 相图、恒沸点和恒沸点混合物等概念；
2. 了解物质的折射率及其与组成的关系；
3. 通读实验原理，标注不易理解的内容；
4. 了解实验步骤及数据的记录与处理；
5. 完成预习报告。

二、实验目的

1. 绘制大气压下环己烷-乙醇双液系气液平衡相图，了解相图和相律的基本概念；
2. 掌握测定双组分液体沸点的方法；
3. 掌握用折射率确定二元液体组成的方法。

三、实验原理

在常温常压下，两液态物质混合而成的体系称为双液系。两种液体若只能在一定比例范围内互相溶解，称为部分互溶双液系；若两种液体能以任意比例相互溶解，则称为完全互溶双液系。例如：苯-乙醇体系、正丙醇-水体系、环己烷-乙醇体系都是完全互溶双液系，苯-水体系则是部分互溶双液系。

根据相律：自由度＝组分数－相数＋2。对于完全互溶双液系而言，组分数为 2，相数最小为 1，最大自由度为 3，分别是压力、温度和组成；在一定压力下，最大条件自由度为 2，分别是温度和组成。系统达到气液平衡时相数为 2，则最大条件自由度为 1，即在一定压力下，完全互溶双液系达到气液平衡时，可以独立改变的强度性质只有一个，即温度或组成，或者说在该状态下，组成受温度的影响。

液体的沸点是指液体的蒸气压与外压相等时的温度。在一定的外压下，纯液体的沸点有确定的值。但对于完全互溶双液系来说，沸点不仅与外压有关，而且还与双液系的组成有关，即与双液系中两种液体的相对含量有关。

通常用几何作图的方法将双液系的沸点对其气相、液相组成作图，所得图形称为双液系 $T\text{-}x$ 相图 [图 2-15(b)]，在一定温度下还可画出体系的压力与组成的 $p\text{-}x$ 关系图 [图 2-15(a)]。

在一般情况下，双液系的气相组成和液相组成并不相同，因此原则上有可能通过反复蒸馏的方法，使双液系中的两液体互相分离。

外界压力不同时，同一双液系的相图也不尽相同，所以恒沸点和恒沸混合物的组成还与外压有关，一般在未注明压力时，通常都指外压为标准大气压。

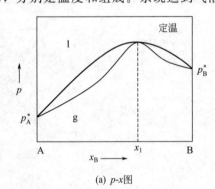

(a) $p\text{-}x$ 图

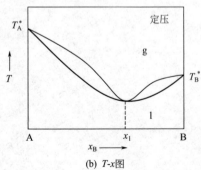

(b) $T\text{-}x$ 图

图 2-15 双液系 $p\text{-}x$ 图和 $T\text{-}x$ 图

从相律来看，对二组分体系，当压力恒定时，在气液两相共存区域中，自由度等于 1，若温度一定，气液两相成分也就确定。当总成分一定时，由杠杆原理知，两相的相对量也一定。反之，在一定的实验装置中，利用回流冷凝的方法保持气液两相相对量一定，则体系的温度恒定。此时，取出两相中的样品，用物理方法或化学方法分析两相的成分，可给出在该温度时气液两相平衡成分的坐标点。改变体系的总成分，再按以上方法可找出另一坐标点，这样测得若干坐标后，分别按气相点和液相点连成气相线和液相线，即得双液系的 T-x 相图。本实验两相中的成分分析均采用折射率法。

物质的折射率是一特征数值，它与物质的浓度及温度有关。大多数液态有机化合物的折射率的温度系数为 -0.0004，因此在测量物质的折射率时要求温度恒定。一般温度控制在 $\pm 0.2\ ℃$ 时，能从阿贝折射仪上准确测到小数点后 4 位有效数字。溶液的浓度不同、组成不同，折射率也不同。因此可先配制一系列已知组成，已知浓度的溶液，在恒定温度下测其折射率，作出组成-折射率工作曲线，便可通过测折射率的大小在工作曲线上找出未知溶液的浓度与组成。

四、仪器与试剂

仪器：沸点仪；贝克曼温度计；阿贝折射仪；调压变压器；吸管（长、短）；量筒；吹风机。

试剂：环己烷（A.R）；无水乙醇（A.R）。

五、实验步骤

1. 工作曲线的绘制

配制环己烷摩尔分数为 0.10、0.20、0.30、0.40、0.50、0.60、0.70、0.80 和 0.90 的环己烷-乙醇溶液各 10mL，分别测定上述 9 个溶液以及环己烷和乙醇的折射率，绘制环己烷-乙醇已知组成溶液的折射率-组成工作曲线。

2. 测定二元液体的沸点、折射率

① 沸点仪通冷凝水。
② 取 25mL 溶液，打开变压器电源开关，通电加热，待达到气液两相平衡时，记录温度，停止加热。
③ 用吸管分别吸取气相冷凝液和溶液，测定相应的折射率，回收废液。
④ 依次取不同摩尔分数的环己烷-乙醇混合液，重复步骤②、③，分别记录气液平衡温度及相应的折射率。
⑤ 依次取纯环己烷和纯乙醇，重复步骤②、③，分别记录气液平衡温度及相应的折射率。

六、实验数据记录及处理

① 作出环己烷-乙醇标准溶液的折射率与组成的关系曲线。
② 用上述关系曲线确定各气液组成，填入表 2-4 中。

表 2-4 实验数据记录

样品	气相组成		液相组成	
	$n_{气相}$	$y_{C_6H_{12}}$	$n_{液相}$	$x_{C_6H_{12}}$
1				
2				

样品	气相组成		液相组成	
	$n_{气相}$	$y_{C_6H_{12}}$	$n_{液相}$	$x_{C_6H_{12}}$
3				
4				
5				
6				
7				
8				
9				

③ 作出环己烷-乙醇的沸点-组成图，并由图找其恒沸点和恒沸组成。

七、思考讨论

① 作环己烷-乙醇标准液的折射率-组成曲线的目的是什么？

② 如何判断气、液两相已达平衡？

八、实验注意事项

① 在测定纯液体样品时，沸点仪必须是干燥的。

② 在整个实验中，取样管必须是干燥的。

③ 取样至阿贝折射仪测定时，取样管应该垂直向下。

④ 在使用阿贝折射仪读取数据时，特别要注意在气相冷凝液样与液相样品之间一定要用擦镜纸将镜面擦干。

⑤ 注意线路的连接，加热时，应缓慢将变压器调至合适电压（低于30V）。

⑥ 如电热丝未接通，则关闭电源，首先检查线路，然后检查电热丝的接触情况，进行适当调整。

九、备注

1. 阿贝折射仪的使用

① 用擦镜纸将镜面擦干，取样管垂直向下将样品滴加在镜面上，注意不要有气泡，然后将上棱镜合上，关上旋钮。

② 打开遮光板，合上反射镜。

③ 轻轻旋转目镜，使视野最清晰。

④ 旋转刻度调节手轮（下手轮），使目镜中出现明暗面（中间有色散面）。

⑤ 旋转色散调节手轮（上手轮），使目镜中色散面消失，出现半明半暗面。

⑥ 再旋转刻度调节手轮（下手轮），使分界线处在十字相交点。

⑦ 在下标尺上读取样品的折射率。

2. 阿贝折光仪的校正

用纯乙醇校正阿贝折射仪，求出校正值。

$$n_D^{25℃} = n_D^{室温} - \Delta N$$
$$\Delta N = n_{乙醇}^{室温} - n_{乙醇}^{25℃} = n_{乙醇}^{室温} - 1.3598 \tag{2-16}$$
$$n_{样品}^{25℃} = n_{样品}^{室温} - \Delta N$$

3. 沸点仪的构造及沸点的测定

沸点仪的设计虽各有异,但其设计思想都集中在如何正确地测定沸点和气液相的组成,以及防止过热和避免分馏等方面。实验中所使用的沸点仪如图 2-16 所示。这是一只带有回流冷凝管的长颈圆底烧瓶,冷凝管底部有一球形小槽,用以收集冷凝下来的气相样品。液相样品则通过烧瓶上的侧管抽取,电加热丝是由一根 300W 的电炉丝截制而成,直接浸入溶液中加热,以减少溶液沸腾时的过热暴沸现象。

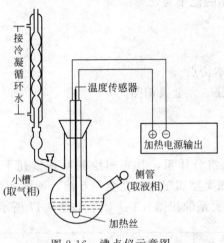

图 2-16 沸点仪示意图

分析平衡时气相和液相的组成,须正确取得气相和液相样品。沸点仪中蒸气的分馏作用会影响气相的平衡组成,使取得的气相样品的组成与气液平衡时的组成产生偏差,因此要减少气相的分馏作用。

本实验中所用沸点仪是将平衡时的蒸气凝聚在冷凝管底部的球形小槽内,在长颈圆底烧瓶中的溶液不会溅入球形小槽的前提下,尽量缩短球形小槽与长颈圆底烧瓶的距离,为防止分馏,尽量减少球形小槽的体积即可达此目的。为了加速达到体系的平衡,可把球形小槽中最初冷凝的液体倾倒回长颈圆底烧瓶中。

十、参考文献

[1] 仝艳,李晓飞,万焱,等. 双液系气液平衡相图绘制实验的改进效果评价. 广州化工,2011,39 (5): 169-170.

[2] 杨晓晔,杨志明. 对双液系气液平衡相图实验的一点意见—该不该对沸点进行压力校正. 贵州师范大学学报(自然科学版),1995,14 (2): 77-86.

[3] 许新华,王晓岗,刘梅川. 双液系气液平衡相图实验的新方法研究. 实验室科学,2015,18 (3): 29-33.

实验七　二组分固-液相图的测绘

一、预习要求
1. 学习教材中相平衡一章的相关内容；
2. 了解热化学测量技术的温标、温度计；
3. 通读实验原理，标注不易理解的内容；
4. 了解实验步骤及数据的记录与处理；
5. 完成预习报告。

二、实验目的
1. 了解固-液相图的基本特点；
2. 用热分析法测绘锡-铋二元金属相图。

三、实验原理

1. 二组分固-液相图

本实验研究的 Sn-Bi 二组分体系，其相图绘制原理依托于《物理化学（第五版）（上册）》中的 Cd-Bi 相图，相图类型属于固相完全不互溶，而液相完全互溶的体系（简单低共熔系统）。表示其温度-组成关系的相图（T-x 图）如图 2-17 所示。

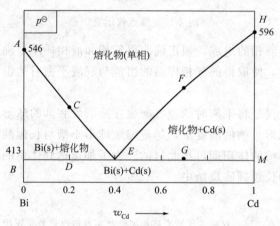

图 2-17　Cd-Bi 体系的 T-x 相图

体系的自由度与相的数目有以下关系：

$$自由度(f) = 组分数(C) - 相数(\varPhi) + 2$$

2. 热分析法和步冷曲线

测绘金属相图（T-x 图）常用的实验方法是热分析法，其操作原理共有两层含义：一是将一种金属或两种金属混合物熔融后，使之均匀冷却，每隔一定时间记录一次温度，表示温度与时间关系的曲线称为步冷曲线。二是"五点法"，也就是两种金属的纯组分各为一个组成点即 x_1 和 x_5，x_3 是该二组分体系的低共熔点，x_2 和 x_4 分别位于 x_3 的左侧和右侧。

当熔融体系在均匀冷却过程中无相变化时，其温度将连续均匀下降，得到一平滑的步冷曲线；当体系内发生相变时，则因体系产生的相变热与自然冷却时体系放出的热量相抵消，步冷曲线就会出现转折或水平线段，转折点所对应的温度，即为该组成体系的相变温度。典型冷却曲线如图 2-18 所示。

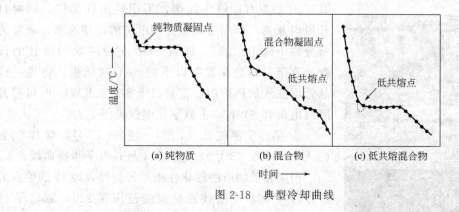

图 2-18 典型冷却曲线

利用步冷曲线所得到的一系列组成和所对应的相变温度数据，以横坐标表示混合物的组成，纵坐标上标出开始出现相变的温度，把这些点连接起来，就可绘出相图。二元简单低共熔体系的步冷曲线及相图如图 2-19 所示。

用热分析法测绘相图时，被测体系必须时时处于或接近相平衡状态，因此必须保证冷却速度足够慢才能得到较好的效果。此外，在冷却过程中，一个新的固相出现以前，常常发生过冷现象，轻微过冷则有利于测量相变温度；但严重过冷，却会使转折点发生起伏，使相变温度的确定产生困难，见图 2-20。遇此情况，可延长 dc 线与 ab 线相交，交点 e 即为转折点。

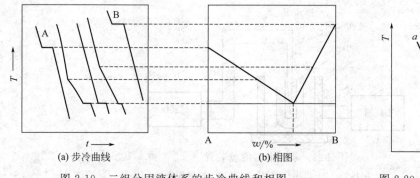

图 2-19 二组分固液体系的步冷曲线和相图

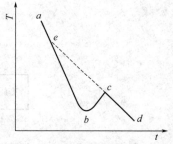

图 2-20 过冷时相变温度的确定

四、仪器与试剂

仪器：KWL-09 可控升降温电炉；SWKY-Ⅰ数字控温仪；台秤；不锈钢样品管；坩埚钳。

试剂：锡（A.R）；铋（A.R）；已配制好的铋锡混合物。

五、实验步骤

① 用感量 0.1g 的台秤分别称取纯铋、纯锡各 80g，并编号为 1 和 5 号样品，另配制含铋 80%、58%、40%的铋锡混合物各 80g，编号为 2、3、4 的样品，分别置于金属样品管中，在样品上方各覆盖一层石墨粉。

② 步冷曲线的测绘

a. 调节仪器：连接数字控温仪和可控升降温电炉，接通电源。

b. 将样品管分别放入加热炉内加热。待样品熔化后，利用仪器余热继续加热使温度再升高 50℃ 左右，停止加热，不用取出样品管，同时打开风扇开关，利用通风量控制电炉的冷却速率，通常为每分钟下降 6~8℃。每隔 30s，记录一次温度计的读数，直至三相共存温度以下约 50℃ 时结束。将另一样品管再放入加热炉内，重复以上实验。KWL-09 可控升降温电炉和 SWKY-Ⅰ数字控温仪见图 2-21。

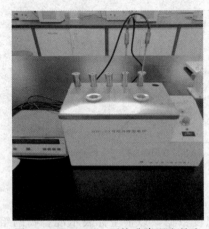

图 2-21　KWL-09 可控升降温电炉和 SWKY-Ⅰ数字控温仪

③ 实验实测纯 Bi（1号）、纯 Sn（5号）含 Bi 80%（2号）、58%（3号）、40%（4号）五条步冷曲线。

根据相关物质的理化性质手册查得，纯 Bi 的熔点为 271.4℃，其步冷曲线测量温度范围在 220~320℃；纯 Sn 的熔点为 231℃，其步冷曲线测量温度范围在 180~280℃。3 号样品其最低共熔混合物组成为 Sn 42%、Bi 58%，三相点温度约在 132~138℃，其步冷曲线测量温度范围在 90~190℃，2 号和 4 号样品步冷曲线测量温度范围在 90~320℃。

本仪器可同时测量 2 份样品，样品搭配及测定顺序为：先测 3 号（58% 的 Bi），然后同时测 1 号（100% 的 Bi）和 5 号（100% 的 Sn）；最后测 2 号（80% 的 Bi）和 4 号（40% 的 Bi）。

按照图 2-22，将盛放样品的样品管放入加热炉内加热（控制炉温）。待样品熔化后停止加热，小心控制电炉的冷却速率，通常为每分钟下降 6~8℃。每隔 30s，记录一次温度计的读数，直至三相共存温度以下约 50℃。

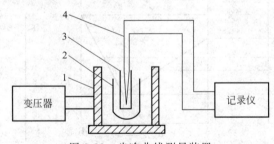

图 2-22　步冷曲线测量装置
1—加热炉；2—坩埚；3—样品管；4—感温探头

④ 实验完成后，取出样品管，关闭电源，整理实验台。

六、实验数据记录及处理

① 绘制各样品的步冷曲线，找出各步冷曲线中转折点和水平线段所对应的温度值。
② 以温度 T 为纵坐标，以物质组成为横坐标，绘出 Sn-Bi 金属相图。

七、思考讨论

① 步冷曲线各段的斜率以及水平线段的长短与哪些因素有关？
② 根据实验结果讨论各步冷曲线的降温速率控制是否得当。
③ 试从实验方法比较测绘气-液相图和固-液相图的异同点。

八、实验注意事项

① 用电炉加热样品时，温度要适当，温度过高样品易氧化变质；温度过低或加热时间

不够则样品没有完全熔化，步冷曲线转折点测不出。

② 混合物的体系有两个转折点，必须待第二个转折点测完后方可停止实验，否则须重新测定。

九、备注

① 本实验成败的关键是步冷曲线上转折点和水平线段是否明显。步冷曲线上温度变化的速率取决于体系与环境间的温差、体系的热容、体系的热传导率等因素，若体系析出固体放出的热量抵消散失热量的大部分，转折变化明显，否则转折就不明显。故控制好样品的降温速率很重要，一般控制在 $6\sim8℃\cdot min^{-1}$，在冬季室温较低时，就需要给体系降温过程加以一定的电压（约 20V）来减缓降温速率。

② 本实验所用体系一般为 Sn-Bi、Cd-Bi、Pb-Zn 等低熔点金属体系，但它们的蒸气对人体健康有危害，因而要在样品上方覆盖石墨粉或石蜡油，防止样品的挥发和氧化。石蜡油的沸点较低（大约为 300℃），故电炉加热样品时注意不宜升温过高，特别是样品近熔化时所加电压不宜过大，以防止石蜡油的挥发和炭化。

③ 固液系统的相图类型很多，二组分间可形成固溶体、化合物等，其相图可能会比较复杂。一个完整相图的绘制，除热分析法外，还需借用化学分析、金相显微镜、X 射线衍射等方法共同完成。

十、参考文献

[1] 傅献彩，沈文霞，姚天扬，等．物理化学．第 5 版，上册．北京：高等教育出版社，2006：296-299.
[2] 杨锐，孙彦璞．基础化学实验Ⅱ（物理化学模块）．银川：宁夏人民教育出版社，2008.
[3] 复旦大学，等．物理化学实验．第 3 版．北京：高等教育出版社，2004.
[4] 北京大学化学学院物理化学实验教学组．物理化学实验．第 4 版．北京：北京大学出版社，2002.
[5] 张立庆，等．物理化学实验．第 3 版．杭州：浙江大学出版社，2014.
[6] 孙艳辉，何广平，马国正，等．物理化学实用手册．北京：化学工业出版社，2016.
[7] 罗澄源，等．物理化学实验．第 3 版．北京：高等教育出版社，1989.
[8] 彭笑刚．物理化学讲义．北京：高等教育出版社，2012：271-290.
[9] 刘国杰，黑恩成．物理化学导读．北京：科学出版社，2008：170-178.
[10] 王新平，王旭珍，王新葵，等．关于相图教学误区的讨论．化工高等教育，2016，(2)：95-97.

实验八 三组分液-液体系的相图

一、预习要求
1. 了解三组分体系的相律；
2. 了解等边三角形坐标表示法及其特点；
3. 通读实验原理，标注不易理解的内容；
4. 了解实验步骤及数据的记录与处理；
5. 完成预习报告。

二、实验目的
1. 理解掌握三角坐标的特点；
2. 掌握绘制苯-水-乙醇三组分体系相图的方法。

三、实验原理

根据相律 $f=C-\Phi+2$，三组分系统 $C=3$，当温度、压力同时确定时，即条件自由度 f^* 为 2，其相图可以用平面图表示，通常用等边三角形表示各组分的浓度。

若以等边三角形的三个顶点分别代表纯组分 A、B 和 C，则 AB 线代表（A+B）的二组分体系，BC 线代表（B+C）的二组分体系，AC 线代表（A+C）的二组分体系，而三角形内任意一点相当于三组分体系，如图 2-23 所示。将三角形的每一边等分为 100 份，通过三角形内任何一点 O 引平行于各边的直线，根据几何原理，$a+b+c=AB=BC=CA=100\%$，或 $a'+b'+c'=AB=BC=CA=100\%$，因此 O 点的组成可由 a'、b'、c' 来表示。即 O 点所代表的三个组分的组成分别是：$x=b'$，$y=c'$，$z=a'$。因此要确定 O 点 B 组分的组成，只需通过 O 作与 B 的对边 AC 的平行线，割 AB 边于 D，AD 线段长即相当于 x。依此类推。如果已知三组分的任意两个组成，只须作两条平行线，其交点就是被测体系的组成点。

三角坐标还有下述特点：通过顶点 B 向其对边引直线 BD，则 BD 线上的各点所代表的组成中，A、C 两个组分含量的比值保持不变，如图 2-24 所示。这可以由三角形相似原理得到证明：

$$即 \frac{a'}{c'}=\frac{a''}{c''}=\frac{z}{y}=常数 \tag{2-17}$$

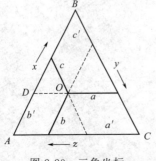

图 2-23 三角坐标

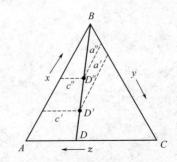

图 2-24 三角坐标特点

在苯-水-乙醇三组分体系中，苯和水是不互溶的，而乙醇和苯或与水都是互溶的。在苯-水体系中加入乙醇则可以促使苯与水的互溶度。由于乙醇在苯层及水层中并非等量分配，因

此代表两层浓度的 a、b 点的连线并不一定和底边平行（图 2-25）。设加入乙醇后体系总组成为 c，平衡共存的两相叫共轭溶液，其组成由通过 c 的连线上的 a、b 两点表示。图中曲线以下区域为两相共存，其余部分为一相。

若苯-水二组分体系，其组成为 K（图 2-25），于其中逐渐加入乙醇，则体系总组成沿着 KB 线变化（苯、水比例保持不变）。在曲线以下区域内则是互不相溶的两相共轭溶液，将溶液振荡时则出现浑浊状态。继续滴加乙醇直到曲线上的 d 点，体系由两相区进入单相区，液体由浑浊转为清澈。如果继续滴加乙醇至 e 点，液体仍为清澈的单相。如在这一体系中滴加水，则体系总组成将沿 eC 线变化（此时乙醇、苯比例保持不变），直到曲线上 f 点，则体系由单相区进入两相区，液体开始由清澈变浑浊。继续滴加水至 g 点仍为两相。如在此体系中再滴加乙醇至 h 点，则由两相区进入单相区，液体由浑浊变清澈。如此反复进行，可获得 d、f、h、j、…等位于曲线上的点，将它们连接即得到单相区与两相区分界的曲线。

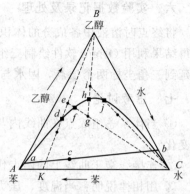

图 2-25 苯-水-乙醇滴定路线图

四、仪器与试剂

仪器：50mL 酸式滴定管；2mL 移液管；250mL 锥形瓶。

试剂：苯（A.R）；无水乙醇（A.R）；蒸馏水。

五、实验步骤

用移液管准确移取 2mL 苯，于 250mL 干燥的锥形瓶中。用刻度移液管滴加水 0.1~0.2mL，然后用滴定管滴加乙醇，至溶液恰由浊变清时，记录所加乙醇的体积。于此液中再滴加乙醇 0.5mL，用水滴定至溶液刚由清变浊，记录所加水的体积。按照表 2-5 提供的参考体积继续加水，然后再用乙醇滴定，如此反复进行实验。滴定时必须充分振荡。

表 2-5 苯-水-乙醇三组分相图绘制数据

编号	体积/mL					质量/g				质量分数/%			终点
	苯	水		乙醇		苯	水	乙醇	合计	苯	水	乙醇	
		每次加	合计	每次加	合计								
1	2	0.2											浊
2	2			0.5									清
3	2												浊
4	2												清
5	2												浊
6	2												清
7	2												清
8	2												浊
…													…
			20~25		20~25								

六、实验数据记录及处理

将终点时溶液中各成分的体积，根据其密度换算成质量，求出各个终点质量分数组成，所得结果利用 Origin 软件绘制三组分液-液相图（将各点连接成平滑曲线，并用虚线将曲线外延到三角坐标两个顶点，因水与苯在室温下可以看成是完全不互溶的）。

七、思考讨论

① 当体系总组成点在曲线内与曲线外时，相数有何不同？总组成点通过曲线时发生什么变化？

② 连接线交于曲线上的两点代表什么？

③ 用相律说明：当温度、压力为恒定时，单相区的自由度是多少？

④ 使用的锥形瓶为什么要事先干燥？

⑤ 用水或乙醇滴定至清浊变化以后，为什么还要加入过剩量？过剩量的多少对结果有何影响？

⑥ 从测量的精密度来看，体系的组成能用几位有效数字表示？

⑦ 如果滴定过程中有一次清浊转变时读数不准，是否需要立即倒掉溶液重新做实验？

八、参考文献

[1] 孟庆民，刘百军. 推荐一个绿色化学实验——乙酸正丁酯-乙醇-水三组分液-液平衡相图测绘. 大学化学，2008，23（6）：47-49.

[2] 苏永庆，胡红艳，段爱红. 苯-乙醇-水混合液的分离提纯. 云南师范大学学报，2010，30（2）：59-62.

[3] 吴梅芳，许新华，王晓岗. 正戊醇-乙酸-水三元液-液相图试验新方法研究. 实验技术与管理，2013，30（5）：164-166.

[4] 葛华才，刘仕文，蒋荣英，等. 环己烷-水-乙醇三元液系相图测定实验. 实验技术与管理，2011，28（12）：34-35.

[5] 孟庆民，刘百军. 液-液三组分相图实验的绿色化研究. 实验室科学，2009，1：107-109.

第三章

电化学实验

实验九　电导法测定弱电解质的电离平衡常数

一、预习要求

1. 掌握电导、电导率、摩尔电导率的概念；
2. 了解电导的测定原理及应用；
3. 了解弱电解质电离度测定的几种常规方法；
4. 通读实验原理，标注不易理解的内容；
5. 了解实验步骤及数据的记录与处理；
6. 完成预习报告。

二、实验目的

1. 使用电导法测定乙酸的电离平衡常数；
2. 在实验基础上，掌握电导、电导率及摩尔电导率等概念；并探讨电导率和摩尔电导率与弱电解质溶液浓度的变化关系；
3. 掌握电导率仪测定电导率的实验方法。

三、实验原理

在弱电解质溶液体系中，只有电离的部分才能承担传递电荷的任务。假设 AB 型弱电解质乙酸 HAc 的起始浓度为 c，则在电离达到平衡时：

$$HAc \rightleftharpoons H^+ + Ac^-$$

当反应未开始时：　　　　　　　　　c　　　　0　　　0

当反应进行中时：　　　　　　　　$c(1-\alpha)$　　$c\alpha$　　$c\alpha$

反应过程中任一时刻的电离平衡常数可表示为：

$$K_c = \frac{[H^+][Ac^-]}{[HAc]} = \frac{\frac{c\alpha}{c^\ominus} \times \frac{c\alpha}{c^\ominus}}{\frac{c(1-\alpha)}{c^\ominus}} = \frac{\frac{c\alpha^2}{c^\ominus}}{1-\alpha} \tag{3-1}$$

在一定的温度下，K_c 是一个常数。因此，可以通过测定 HAc 在不同浓度下的电离度 α，用式(3-1) 即可计算出 K_c 值。

弱电解质乙酸溶液的电离度 α 可以用电导法来测定。

根据科尔劳乌施的研究，无论是在水溶液还是非水溶液体系中，弱电解质在无限稀释时的摩尔电导率 Λ_m^∞ 可以表示全部电离且离子之间没有相互作用条件下时所具有的导电能力，而一定浓度条件下的摩尔电导率 Λ_m 则可以表示部分电离且离子之间存在一定相互作用时的导电能力。而对于弱电解质体系，其电离度相对较小即通过电离产生的离子浓度相对较低，同时离子间的间距较大，相互作用力可忽略不计，摩尔电导率 Λ_m 与无限稀释时的摩尔电导率 Λ_m^∞ 的差就可近似认为是由弱电解质部分电离与全部电离产生的离子数目差异所致，所以弱电解质的电离度 α 可以表示为：

$$\alpha = \frac{\Lambda_m}{\Lambda_m^\infty} \tag{3-2}$$

Λ_m 可以根据下式得出：

$$\Lambda_m = \frac{\kappa}{c} \tag{3-3}$$

弱电解质的电导率 κ 可以通过电导率仪测量获得。

根据离子独立运动定律，对于电解质 MA 在无限稀释条件下，其阳离子 M^+ 与阴离子 A^- 是独立移动的，不受其他离子的影响。以此为依据，其 $\Lambda_m^\infty = \nu_+ \lambda_{m+}^\infty + \nu_- \lambda_{m-}^\infty$，$\lambda_{m+}^\infty$，$\lambda_{m-}^\infty$ 分别是正、负离子的无限稀释摩尔电导率。

因此，将式(3-2)代入式(3-1)得：

$$K_c = \frac{c\Lambda_m^2}{\Lambda_m^\infty(\Lambda_m^\infty - \Lambda_m)} \tag{3-4}$$

即只要测定出浓度为 c 的弱电解质溶液的电导率 k，就可以求出该浓度溶液的摩尔电导率、电离度以及电离平衡常数。

四、仪器与试剂

仪器：DDS-11A 电导率仪；锥形瓶；电导电极；移液管（25mL）；恒温水浴。

试剂：标准乙酸溶液。

五、实验步骤

① 调节恒温水浴温度至 25℃（若室温偏高，则可选实验温度为 35℃）。

② 校准电导率仪的电导池常数（按照电导率仪说明书调节）。

③ 测定乙酸溶液的电导率　标定好电导池常数后，将电导电极用蒸馏水清洗，并及时用滤纸吸干电极表面残留的水渍。采用 25mL 标度的移液管移取 50.00mL 浓度为 c 的标准乙酸溶液置于锥形瓶中，并在设定好温度的恒温槽中恒温 10min 左右。

④ 用电导率仪测量浓度为 c 的溶液的电导率。平行测定三次并取平均值。

⑤ 测量完毕后，用 25mL 移液管从浓度为 c 的标准液中移出 25mL 溶液，用另外一只 25mL 移液管移入 25mL 蒸馏水，此时溶液的浓度为 $c/2$，在恒温槽中恒温 10min，用电导率仪测量溶液的电导率。平行测定三次并取平均值。

⑥ 依次类推，再分别测量浓度为 $c/4$、$c/8$、$c/16$ 的溶液的电导率。

⑦ 测量配制溶液所用的蒸馏水的电导率。

六、实验数据记录及处理

① 实验过程中使用的蒸馏水的电导率不能忽略，即电导率仪显示的实测电导率是蒸馏水和乙酸电离出离子电导率的加和，而式(3-3)中的 κ 是指弱电解质的电导率，所以，要用

乙酸溶液的电导率减去蒸馏水的电导率，才可以得到乙酸的电导率。

② 将原始数据及处理结果填入表 3-1 中。

表 3-1　原始数据及处理结果

项目	c	$c/2$	$c/4$	$c/8$	$c/16$
$\kappa_{溶液}/s \cdot m^{-1}$					
$\kappa_{水}/s \cdot m^{-1}$					
$\kappa_{HAc}/s \cdot m^{-1}$					
$\Lambda_m/s \cdot m^2 \cdot mol^{-1}$					
Λ_m^{∞}					
α					
K_c					

③ 计算出 K_c 的平均值。

④ 根据计算结果，总结 κ、Λ_m、α、K_c 与浓度 c 的关系。

七、思考讨论

① 若实验过程中，电导池常数发生变化，会对电离平衡常数带来怎样的影响？

② 电离常数的数值和哪些因素有关？

八、备注

1. DDS-11A 电导率仪使用方法

（1）开机

a. 电源线插入仪器电源插座，仪器必须良好接地。

b. 按电源开关接通电源，预热 10min 后，进行校准。

c. 电导电极插入仪器后面板的电极插座中。

（2）校准

按下"校准/测量"按钮，使其处于"校准"状态，调节"常数"调节旋钮，使仪器显示所使用电极的常数标称值。

电导电极的常数，通常有 10、1、0.1、0.01 四种类型，每种类型电导电极的准确常数值，制造厂均标明在每支电极上。

常数调节方法如下：

a. 电极常数为 1 的类型：当电极常数的标称值为 0.95，调节"常数"调节旋钮，使仪器显示值为 950（测量值＝显示值×1）。

b. 电极常数为 10 的类型：当电极常数的标称值为 10.7，调节"常数"调节旋钮，使仪器显示值为 1070（测量值＝显示值×10）。

c. 电极常数为 0.1 的类型：当电极常数的标称值为 0.11，调节"常数"调节旋钮，使仪器显示值为 1100（测量值＝显示值×0.1）。

d. 电极常数为 0.01 的类型：当电极常数的标称值为 0.01，调节"常数"调节旋钮，使仪器显示值为 1100（测量值＝显示值×0.11）。

（3）测量

① 在电导率测量的过程中，正确选择电导电极常数，对获得较高的测量精度是非常重要的。

② 用温度计测量被测溶液的温度后，将"温度"调节旋钮指向被测溶液的实际温度值的刻度线位置。此时，显示的电导率值是经温度补偿后换算到25℃时的电导率值。

③ 按下"校准/测量"按钮，使其处于"测量"状态（此时，按钮为向上弹起的位置），将"量程"开关置于合适的量程挡，待仪器显示稳定后，该显示值即为被测量溶液换算到25℃时的电导率值。

测量过程中，若显示屏首位为1，后三位数字熄灭，表示测量值超出测量量程范围，此时，应将"量程"开关置于高一挡量程来测量。若显示值很小，则应该将"量程"开关置于低一挡量程，以提高测量精度。

2. 电导电极的清洗与储存

① 电导电极的清洗与储存：光亮的铂电极，必须储存在干燥的地方。镀铂黑的铂电极不允许干放，必须储存在蒸馏水中。

② 电导电极的清洗

a. 用含有洗涤剂的温热水可以清洗沾污在电极上的有机成分，也可以用酒精清洗。

b. 钙、镁沉淀物最好用10%柠檬酸清洗。

c. 光亮的铂电极，可以用软刷子机械清洗。但在电极表面不可以产生刻痕，绝对不可使用螺钉、起子清除电极表面脏物，甚至在用软刷子机械清洗时也需要特别注意。

d. 对于镀铂黑的铂电极，只能用化学方法清洗，用软刷子机械清洗时会破坏镀在电极表面的镀层（铂黑），化学方法清洗可能再生被损坏或被轻度污染的铂黑层。

九、参考文献

[1] 郭鹤桐，覃奇贤. 电化学教程. 天津：天津大学出版社，2000.
[2] 胡乃飞，林树昌. 关于H_2O的离解常数K_w值的探讨. 化学通报，1995，2：59.
[3] 勾华，伍远辉. 电导法测定醋酸的离解平衡常数. 遵义师范学院学报，2006，06.
[4] 周南. 电离常数的研究动态. 理化检验（化学分册），2004，08.
[5] 宋立新. 弱电解质电离平衡常数测定方法的改进. 河南大学学报（医学科学版），2005，03.

实验十　原电池电动势的测定及其应用

一、预习要求
1. 了解电池电动势与端电压的区别；
2. 掌握构成可逆电池的条件；
3. 通读实验原理，标注不易理解的内容；
4. 了解实验步骤及数据的记录与处理；
5. 完成预习报告。

二、实验目的
1. 学会铜、锌电极的简单处理方法；
2. 掌握电位差计（包括数字式电子电位差计）的测量原理和正确使用方法；
3. 测定 Cu、Zn 电极电势和 Zn-Cu 原电池的电动势，掌握用电化学方法测量化学反应 $\Delta_r G_m$、$\Delta_r S_m$ 和 $\Delta_r H_m$ 的原理和方法。

三、实验原理
凡是能使化学能转变为电能的装置称为电池。在等温、等压条件下，对于可逆电池来说：

$$\Delta_r G_m = -zFE \tag{3-5}$$

$$\Delta_r S_m = -nF\left(\frac{\partial E}{\partial T}\right)_p \tag{3-6}$$

$$\Delta_r H_m = -zFE - nTF\left(\frac{\partial E}{\partial T}\right)_p \tag{3-7}$$

式中，z 为电极反应中电子的计量系数；F 为法拉第常数；E 为电池的电动势。

根据 $\Delta_r S_m = -nF\left(\frac{\partial E}{\partial T}\right)_p$，可知，等压下，通过实验测定不同温度下可逆电池的电动势 E 后，就可求得电池电动势的温度系数 $\left(\frac{\partial E}{\partial T}\right)_p$，从而求得 $\Delta_r S_m$，同时还可以求得不同实验温度时电池的 $\Delta_r G_m$。利用 $\Delta_r H_m = \Delta_r G_m + T\Delta_r S_m$，进而求得 $\Delta_r H_m$。

对于可逆电池，其电动势等于两个电极电势之差，即：

$$E = \varphi_+(右,还原电势) - \varphi_-(左,还原电势) \tag{3-8}$$

例如，对于电池 $Zn|ZnSO_4$（0.1000 mol·L^{-1}）$\|$ $CuSO_4$（0.1000 mol·L^{-1}）$|Cu$

其电池电动势 $E = \varphi_+$（右，还原电势）$- \varphi_-$（左，还原电势）

式中：

$$\varphi_- = \varphi^{\ominus}_{Zn^{2+}/Zn} - \frac{RT}{2F}\ln\frac{1}{a(Zn^{2+})} \tag{3-9}$$

$$\varphi_+ = \varphi^{\ominus}_{Cu^{2+}/Cu} - \frac{RT}{2F}\ln\frac{1}{a(Cu^{2+})} \tag{3-10}$$

式中，$\varphi_{Cu^{2+}/Cu}$ 和 $\varphi_{Zn^{2+}/Zn}$ 是当 $a(Cu^{2+}) = a(Zn^{2+}) = 1$ 时，铜电极和锌电极的标准电极电势。对于单个离子，其活度是无法测定的，但强电解质的活度与物质的平均质量摩尔浓度和平均活度系数之间有以下关系：

$$a(Zn^{2+}) = \gamma_\pm m_1 \tag{3-11}$$

$$a(Cu^{2+}) = \gamma_\pm m_2 \tag{3-12}$$

式中，$\gamma_\pm$ 是离子的平均离子活度系数。其数值大小与物质浓度、离子的种类、实验温度等因素有关。因此如能分别测定 Cu、Zn 两个电极的电极电势，则可根据上式计算得到由它们组成的电池电动势。

由于电极电势的绝对值至今无法测定。为此以标准氢电极为标准，其电极电势规定为零。将标准氢电极与待测电极（被研究电极）组成电池，则所测电池的电动势即是待测电极的还原电势。但是在实际应用中由于标准氢电极使用不便，往往用容易制备、电极电势比较稳定的电极作为二级标准电极。常用的参比电极如甘汞电极（SCE），银-氯化银电极等。这些电极与标准氢电极比较而得到的电极电势已精确测出。因此用甘汞电极和待测电极（被研究电极）组成电池，测量电池的电动势即可得到被测电极电势。被测电极在电池中的正、负极性，可由它与标准氢电极两者的还原电势比较而确定。

可逆电池必须满足如下条件：①电池反应可逆；②电池必须在可逆的条件下工作，即充放电过程必须在平衡态下进行，也就是通过电池的电流无限小，趋近于零，不存在任何不可逆的液接界。电池电动势的测量工作必须在电池处于可逆条件下进行，即要求通过电池的电流几乎为零。对消法就是在外电路中加一个大小相等、方向相反的电位差与原电池相对抗，达到测量回路中的电流趋近于零满足测量的要求。在精确度要求不高的测量中，常用"盐桥"来减小液接界电势。

电位差计的工作原理及使用方法，参阅备注仪器部分。必须指出，电极电势的大小，不仅与电极种类、溶液浓度有关，而且与温度有关。本实验在实验温度下可由式（3-9）和式（3-10）计算 φ_T。为了方便起见，可采用下式求出 298K 时的标准电极电势 $\varphi_{298}^\ominus$：

$$\varphi_T^\ominus = \varphi_{298}^\ominus + \alpha(T-298) + \frac{1}{2}\beta(T-298)^2 \tag{3-13}$$

式中，α、β 为电池电极的温度系数。对 Zn-Cu 电池来说：

铜电极（Cu^{2+}/Cu）：$\alpha = -0.000016 V \cdot K^{-1}$，$\beta = 0$

锌电极 $[Zn^{2+}/Zn(Hg)]$：$\alpha = -0.0001 V \cdot K^{-1}$，$\beta = 0.62 \times 10^{-6} V \cdot K^{-2}$

Cu、Zn 电极的温度系数及标准电极电势见表 3-2。

表 3-2 Cu、Zn 电极的温度系数及标准电极电势

电极	电极反应	$\alpha \times 10^3 / V \cdot K^{-1}$	$\beta \times 10^6 / V \cdot K^{-2}$	φ_{298}/V
Cu^{2+}/Cu	$Cu^{2+} + 2e^- \longrightarrow Cu$	-0.016	—	0.3419
$Zn^{2+}/Zn(Hg)$	$Zn^{2+}(Hg^{2+}) + 2e^- \Longrightarrow Zn(Hg)$	0.100	0.62	-0.7627

四、仪器与试剂

仪器：UJ-25 型电位差计；数字式电位差计；标准电池；检流计；毫安表；烧杯；棉花；饱和甘汞电极；铜、锌电极；电极架。

试剂：硫酸锌（A.R）；硫酸铜（A.R）；氯化钾（A.R）；饱和硝酸亚汞溶液；硫酸。

五、实验步骤

1. 铜、锌电极的简单制备

（1）锌电极

用 6mol·L^{-1} 硫酸浸洗锌电极以除去表面上的氧化层，取出后用水洗涤，再用蒸馏水淋洗，然后浸入含有饱和硝酸亚汞溶液和棉花的烧杯中，在棉花上摩擦 3~5s，使锌电极表

面上形成一层均匀的锌汞齐,再用蒸馏水淋洗。

（2）铜电极

将铜电极在约 6mol·L^{-1} 的硝酸溶液内浸洗,除去氧化层和杂物,然后取出用水冲洗,再用蒸馏水淋洗。

2. 电池组合

将上面制备的锌电极置于装有硫酸锌溶液的 50mL 的小烧杯内,将饱和甘汞电极置于装有 KCl 溶液的另一只 50mL 的小烧杯内,将饱和的 KCl 盐桥置于两小烧杯内即组成下列电池:

$$Zn|ZnSO_4(0.1000mol·L^{-1})\|KCl(饱和)|Hg_2Cl_2|Hg$$

同法分别组成下列电池:

$$Hg|Hg_2Cl_2|KCl(饱和)\|CuSO_4(0.1000mol·L^{-1})|Cu$$
$$Zn|ZnSO_4(0.1000mol·L^{-1})\|CuSO_4(0.1000mol·L^{-1})|Cu$$
$$Cu|CuSO_4(0.0100mol·L^{-1})\|CuSO_4(0.1000mol·L^{-1})|Cu$$

3. 电动势测定

① 按照电位差计电路图,接好电动势测量线路。

② 根据标准电池的温度系数,计算实验温度下的标准电池电动势。以此对电位差计进行标定。

③ 分别用 UJ-25 型电位差计和数字式电位差计测定以上四组电池的电动势。

六、实验数据记录及处理

① 根据饱和甘汞电极的电极电势温度校正公式,计算实验温度下的电极电势:

$$\varphi_{SCE}=0.2415-7.61\times10^{-4}\times(T-298) \tag{3-14}$$

② 根据测定的各电池的电动势,分别计算铜锌电极的 φ_T、$\varphi_T^{\ominus}$、$\varphi_{298}^{\ominus}$。

③ 根据有关公式计算 Zn-Cu 电池的理论电动势 $E_{理}$,并与实验值 $E_{实}$ 进行比较。

④ 将实验测量结果及计算结果填写在表 3-3 中。

表 3-3 实验数据记录

电池	电池电动势 E 测量值	计算电极电势 φ_T	$\varphi_T^{\ominus}$	$\varphi_{298}^{\ominus}$	电池电动势理论值
1					
2					
3					
4					

七、思考讨论

① 在用电位差计测量电动势过程中,若检流计的光点总是向一个方向偏转,可能是什么原因?

② 用 Zn(Hg) 与 Cu 组成电池时,有人认为锌表面有汞,因而铜应为负极,汞为正极。请分析此结论是否正确?

③ 选择"盐桥"液应注意什么问题?

八、备注（电位差计）

1. 工作原理

对消法测量电池的电动势示意图见图 3-1。

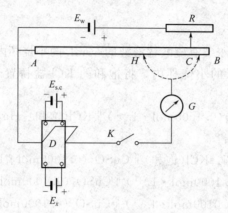

图 3-1　对消法测量电池的电动势示意图

由于：$E=(R_0+R_i)I$

$$U=R_0I$$

所以：
$$\frac{E}{U}=\frac{R_0+R_i}{R_0} \tag{3-15}$$

当 $R_0\to\infty$ 时，$E\approx U$

$$E_x=E_{sc}\frac{AC}{AH}$$

2. UJ-25 型电位差计的使用

① UJ-25 型电位差计的板面布局如图 3-2 所示，使用时先将有关的外部线路如工作电池、检流计、标准电池和待测电池接好。切不可将标准电池倒置或摇动。

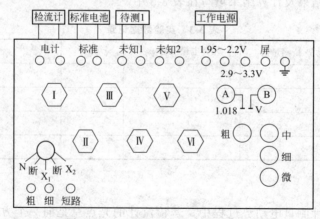

图 3-2　UJ-25 型电位差计面板示意图

② 通电源，调节好检流计光点的零位。

③ 将选择开关扳向 N（"校正"），然后将温度补偿旋钮旋至相应的标准电池电动势的数值位置上（注意：应加上温度校正值）。继而断续地按下粗测键（当按下粗测键时，检流

计光点在一小格范围内摆动才能按细测键），视检流计光点的偏转情况，调节可变电阻（粗、中、细、微）使检流计光点指示零位。

④ 电位差计标定完毕后，将选择开关拨向 X_1 或 X_2。根据理论计算出待测电池的电动势，将各挡测量旋钮预置在合适的位置。

⑤ 然后分别按下粗测键和细测键，同时旋转各测量挡旋钮，至检流计光点指示零位，此时电位差计各测量挡所示（Ⅰ）电压值的总和，即为被测电池的电动势。注意，每次测量前都要用标准电池对电位差计进行标定，否则，由于工作电池电压不稳或温度的变化导致测量结果不准确。

九、参考文献

［1］高颖，邬冰. 电化学基础. 北京：化学工业出版社，2004.

［2］卓克垒，王键吉，夏志清. 电动势法在电解质溶液的热力学研究中的应用. 化学通报，1995，9：21.

［3］李苞，张虎成，张树霞，等. 对消法测定原电池电动势实验中电极制备的改进. 大学化学，2014，29（2）：59-63.

实验十一 电势-pH 曲线的测定

一、预习要求

1. 了解电极电势、电池电动势等概念；
2. 了解 pH 的测量原理和方法，以及电势-pH 曲线的意义；
3. 通读实验原理，标注不易理解的内容；
4. 了解实验步骤及数据的记录与处理；
5. 完成预习报告。

二、实验目的

1. 掌握电极电势、电池电动势和 pH 的测量原理和方法；
2. 了解电势-pH 曲线的意义及应用；
3. 测定 Fe^{3+}/Fe^{2+}-EDTA 体系在不同 pH 的电极电势，绘制电势-pH 曲线。

三、实验原理

许多氧化还原反应的发生，都与溶液的 pH 有关，此时电极电势不仅与电极氧化态和还原态的活度有关，还与溶液的 pH 有关。如果指定溶液的浓度，改变其酸碱度，同时测定相应的电极电势与溶液的 pH，然后以电极电势对 pH 作图，可得电势-pH 图。

对于 Fe^{3+}/Fe^{2+}-EDTA 体系，在不同的 pH 值时，其络合产物有所差异。假定 EDTA 的酸根离子为 Y^{4-}，则可将 pH 值分为三个区间来讨论其电极电势的变化。

① 在高 pH 值时，溶液的配合物为 $Fe(OH)Y^{2-}$ 和 FeY^{2-}，其电极反应为：

$$Fe(OH)Y^{2-} + e^- \rightleftharpoons FeY^{2-} + OH^-$$

根据能斯特方程，其电极电势为：

$$\varphi = \varphi^{\ominus} - \frac{RT}{F} \ln \frac{a_{FeY^{2-}} \cdot a_{OH^-}}{a_{Fe(OH)Y^{2-}}} \tag{3-16}$$

式中，$\varphi^{\ominus}$ 为标准电极电势；a 为活度。

已知 a 与活度系数 γ 和摩尔质量浓度 m 的关系为：

$$a = \gamma m \tag{3-17}$$

同时，考虑在稀溶液中水的活度积可以看作为水的离子积，又按照 pH 定义，则式(3-16) 可改写为：

$$\varphi = \varphi^{\ominus} - \frac{RT}{F} \ln \frac{\gamma_{FeY^{2-}} K_W}{\gamma_{Fe(OH)Y^{2-}}} - \frac{RT}{F} \ln \frac{m_{FeY^{2-}}}{m_{Fe(OH)Y^{2-}}} - \frac{2.303 RT}{F} \text{pH} \tag{3-18}$$

令 $b_1 = \frac{RT}{F} \ln \frac{\gamma_{FeY^{2-}} K_W}{\gamma_{Fe(OH)Y^{2-}}}$，在溶液离子强度和温度一定时，$b_1$ 为常数。则：

$$\varphi = (\varphi^{\ominus} - b_1) - \frac{RT}{F} \ln \frac{m_{FeY^{2-}}}{m_{Fe(OH)Y^{2-}}} - \frac{2.303 RT}{F} \text{pH} \tag{3-19}$$

当 EDTA 过量时，生成的配合物的浓度可近似地看作配制溶液时铁离子的浓度，即 $m_{FeY^{2-}} \approx m_{Fe^{2+}}$，$m_{Fe(OH)Y^{2-}} \approx m_{Fe^{3+}}$。当 $m_{Fe^{2+}}$ 与 $m_{Fe^{3+}}$ 比例一定时，φ 与 pH 呈线性关系，即图 3-3 中 ab 段。

② 在特定的 pH 值范围内，Fe^{2+} 和 Fe^{3+} 分别与 EDTA 生成稳定的配合 FeY^{2-} 和 FeY^-，其电极反应为：

$$FeY^- + e^- = FeY^{2-}$$

电极电势表达式为:

$$\varphi = \varphi^{\ominus} - \frac{RT}{F}\ln\frac{a_{FeY^{2-}}}{a_{FeY^-}} = \varphi^{\ominus} - \frac{RT}{F}\ln\frac{\gamma_{FeY^{2-}}}{\gamma_{FeY^-}} - \frac{RT}{F}\ln\frac{m_{FeY^{2-}}}{m_{FeY^-}} \quad (3-20)$$

当温度一定时,在此 pH 值范围内,该体系的电极电势只与配制溶液时的 $m_{FeY^{2-}}/m_{FeY^-}$ 的比值有关,出现图 3-3 中曲线的平台区 bc 段。

③ 在低 pH 值时,体系电极反应为:

$$FeY^- + H^+ + e^- \rightleftharpoons FeHY^-$$

同理可求得:

$$\varphi = (\varphi^{\ominus} - b_3) - \frac{RT}{F}\ln\frac{m_{FeHY^-}}{m_{FeY^-}} - \frac{2.303RT}{F}pH \quad (3-21)$$

式中,b_3 亦为常数。在 $m_{Fe^{2+}}/m_{Fe^{3+}}$ 不变时,φ 与 pH 呈线性关系,即图 3-3 中的 cd 段。

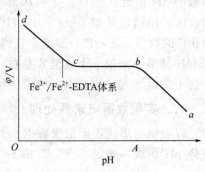

图 3-3 电势-pH 曲线

由此可见,只要将体系 Fe^{3+}/Fe^{2+}-EDTA 用惰性金属(Pt 丝)作导体组成一电极,并且与另一参比电极组合成电池,测定该电池的电动势,即可求得体系的电极电势,与此同时,采用酸度计测出相应条件下的 pH 值,从而可绘制出电势-pH 曲线。

四、仪器与试剂

仪器:pH-3V 酸度电势测定装置;电磁搅拌器;烧杯;电子台秤;复合电极;铂丝(电极);滴管。

试剂:$FeSO_4 \cdot 7H_2O$;$NH_4Fe(SO_4)_2 \cdot 12H_2O$;HCl;NaOH;EDTA(二钠盐)。试剂均为分析纯。

五、实验步骤

1. 装置图

测量装置示意图见图 3-4,pH-3V 酸度电势测定装置前面板示意图见图 3-5,有关 pH-3V 酸度电势测定装置的标定方法见备注。

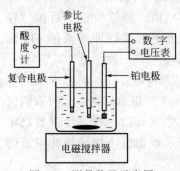

图 3-4 测量装置示意图

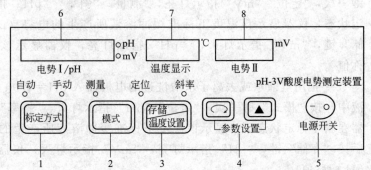

图 3-5 pH-3V 酸度电势测定装置前面板示意图
1—标定方式;2—模式;3—存储/温度设置;4—参数设置;5—电源开关;
6—pH 值和电势 I 显示窗口;7—温度显示窗口;8—电势 II 显示窗口

2. 溶液配制

称取 $FeSO_4 \cdot 7H_2O$ 0.80g,$NH_4Fe(SO_4)_2 \cdot 12H_2O$ 1.40g 于 200mL 烧杯中,加入

100mL 蒸馏水，稍加搅拌，再加入 0.5mol·dm^{-3} EDTA 40mL 稀释至 150mL，搅拌使其完全溶解。

3. 电极电势和 pH 值的测定

打开电磁搅拌器，待搅拌子稳定后，再插入玻璃电极，然后用 2mol·L^{-1} NaOH 调节溶液的 pH 值至 9 左右。分别从数字电压表和酸度计直接读取并记录电动势与相应的 pH 值。随后用滴定管加 4mol·L^{-1} HCl 溶液调节 pH，每次改变值约为 0.3，待数值稳定后记录相应的数值，逐一进行测定，直到溶液的 pH 值为 3 左右。然后，按上述方法用 2mol·L^{-1} NaOH 调节溶液的 pH 值至 8 左右，并记录有关数据。实验结束后及时取出复合电极，用水冲洗干净后装入保护套中，然后使仪器复原。

六、实验数据记录及处理

以表格的形式正确记录数据。并将测定的电极电势换算成标准氢电极的电势。然后绘制电势-pH 曲线，确定 FeY$^-$ 和 FeY^{2-} 稳定存在的 pH 值范围。

七、思考讨论

① 如何判断电极电势是否受电解质溶液 pH 的影响？
② 本实验中为何使用数字电压表而非电位差计？

八、备注

pH-3V 酸度电势测定装置的标定方法有自动标定与手动标定两种。

1. 自动标定（适用于 pH=4.00、pH=6.86、pH=9.18 的标准缓冲溶液）

仪器使用前首先要标定。一般情况下仪器在连续使用时，每天要标定一次。

a. 将铂电极、复合电极（包含玻璃电极和饱和甘汞电极）接入电极接口处，将温度传感器接入温度接口处。

b. 开启电源开关，仪器处于 pH 测量状态，自动指示灯灯亮，"pH" 指示灯亮。

c. 将温度电极放入溶液中，该温度显示数值为自动测量的温度值，即温度传感器反映的温度值为溶液温度。

d. 把用蒸馏水或去离子水清洗过的电极插入 pH=6.86 的标准缓冲溶液中，按"模式"键一次，"定位""mV"指示灯亮，"测量""斜率""pH"指示灯灭，表明仪器处于定位标定状态，仪器显示该温度下标准缓冲溶液所产生的电势（mV）值，待读数稳定后按"存储"键，"mV"指示灯灭，"pH"指示灯亮，仪器显示该温度下标准缓冲溶液的 pH 标称值。

e. 把用蒸馏水或去离子水清洗过的电极插入 pH=4.00（或 pH=9.18）的标准缓冲溶液中，按"模式"键一次，"定位""pH"指示灯灭，"斜率""mV"指示灯亮〔此时表明仪器在斜率标定状态下，显示该温度下标准缓冲溶液所产生的电势（mV）值〕，待读数稳定后按"存储"键，"pH"指示灯亮，"mV"指示灯灭，仪器显示该温度下标准缓冲溶液的 pH 标称值。

f. 按"模式"键切换到测量状态，用蒸馏水及被测溶液清洗电极后即可对被测溶液进行测量。

2. 手动标定（适用于在 pH=0.00～14.00 范围内任何标准缓冲溶液）

在必要时或在特殊情况下仪器可进行手动标定：

a. 将复合电极接入电极接口处；温度传感器可接入也可不接入。

b. 开启电源开关，按"标定方式"键，手动标定指示灯亮，表明进入手动工作状态。在测量模式下（测量指示灯亮），按下"存储/温度设置"键，温度显示值预调位开始闪烁，选择所需的设置位，按"▲"键手动调节温度数值上升、下降，使温度显示值和溶液温度一致，再在参数设置面板上按"⟲"移位键进行位移动，然后按"存储"键，保存所选择的温度数值。仪器回到 pH 测量状态。

c. 把用蒸馏水或去离子水清洗过的电极插入 pH=6.86（或 pH=4.00；或 pH=9.18）的标准缓冲溶液中，按"模式"键一次，"定位""mV"指示灯亮，"测量""斜率""pH"灯灭，表明仪器处于定位标定状态，仪器显示该温度下标准缓冲溶液所产生的电势（mV）值，待读数稳定后按"存储"键，"mV"指示灯灭，"pH"指示灯亮，显示窗口待设置位闪烁，再按"▲"键，调节 pH 值显示数值上升或下降，按"⟲"键进行位移动，使之达到该温度下标准缓冲溶液的 pH 标称值。再按"存储"键，"pH"指示灯亮闪烁位停止，仪器将所设定的标准值存储。

d. 把用蒸馏水或去离子水清洗过的电极插入 pH=4.00（或 pH=9.18；或 pH=6.86）的标准缓冲溶液中，按"模式"键一次，"斜率""mV"指示灯亮，"测量""定位""pH"灯灭，表明仪器处于斜率标定状态，仪器显示该温度下标准缓冲溶液所产生的电势（mV）值，待读数稳定后按"存储"键，"mV"指示灯灭，"pH"指示灯亮，显示窗口待设置位闪烁，再按"▲"键调节 pH 值显示数值上升或下降，按"⟲"键进行位移动，使之达到该温度下标准缓冲溶液的 pH 标称值。再按"存储"键，"pH"指示灯亮闪烁位停止，仪器将所设定标准值保存。

如果在标定过程中操作失误或按键按错而使仪器测量不正常，可按"模式"键，重新进行标定。

注意：经标定后，就不要再按"模式"键，进入"定位""斜率"标定，如果误触动此键，此时请不要按"存储"键，而是连续按"模式"键，使仪器重新进入 pH 测量即可，而无须再进行标定。

注：标定的缓冲溶液一般第一次用 pH=6.86 的溶液，第二次用接近被测溶液 pH 值的缓冲溶液，如被测溶液为酸性时，应选 pH=4.00 的缓冲溶液；如被测溶液为碱性时，则选 pH=9.18 的缓冲溶液。

一般情况下，在 2h 内仪器不需再标定。

3. 测量 pH 值

经标定过的仪器（仪器在 pH 测量状态），即可用来测量被测溶液，若仪器在非 pH 模式，此时多次按"模式"键，直至进入 pH 测量模式。将温度传感器、pH 测量电极浸入被测溶液中，在显示屏上读出溶液在该温度下的 pH 值。

九、参考文献

[1] 费锡明，陈永言. 电极电势-pH 图在化学镀中的应用. 武汉大学学报（自然科学版），1991，3：93-98.

[2] 陈小文，白新德，薛祥义，等. 电位-pH 平衡图及其在核材料腐蚀研究中的应用. 清华大学学报（自然科学版），2002，5.

[3] 华南平，王苹. 大学化学实验电势-pH 曲线测定探讨. 大学化学，2007，22（1）：55-59.

[4] 马旻锐，曾英，周梅. 金属电势-pH 图的研究及应用. 广东微量元素科学，2008，11.

第四章

化学动力学实验

实验十二　旋光法测定蔗糖转化反应的速率常数

一、预习要求

1. 掌握一级反应的特点，熟练利用速率方程计算速率常数及半衰期；
2. 了解物质的旋光能力和比旋光度的概念；
3. 通读实验原理，标注不易理解的内容；
4. 了解实验步骤及数据的记录与处理；
5. 完成预习报告。

二、实验目的

1. 测定蔗糖转化反应的速率常数和半衰期；
2. 了解反应的反应物浓度与旋光度之间的关系；
3. 了解旋光仪的基本原理，掌握旋光仪的正确使用方法。

三、实验原理

蔗糖水解反应为：

$$C_{12}H_{22}O_{11} + H_2O \longrightarrow C_6H_{12}O_6 + C_6H_{12}O_6$$
　　　（蔗糖）　　　　　　　（葡萄糖）（果糖）

这是一个二级反应，在纯水中进行，此反应的速率极慢，通常需要在 H^+ 催化作用下进行。由于反应时水是大量存在的，尽管有部分水分子参加了反应，仍可近似地认为整个反应过程中水的浓度是恒定的，而且 H^+ 是催化剂，其浓度也保持不变。因此蔗糖水解反应可看作一级反应。

一级反应的速率方程：

$$-\frac{dc}{dt} = kc \tag{4-1}$$

式中，c 为时间 t 时的反应物浓度；k 为反应速率常数。其积分式：

$$\ln c = \ln c_0 - kt \tag{4-2}$$

式中，c_0 为反应开始时反应物浓度。

反应的半衰期：

$$t_{1/2} = \frac{\ln 2}{k} = \frac{0.693}{k} \tag{4-3}$$

从式(4-2)可知，在不同时间测定反应物的相应浓度，并以 $\ln c$ 对 t 作图，可得一直线，由直线斜率即可得反应速率常数 k。然而反应是连续进行的，要快速测定出反应物在某一时刻对应的浓度是困难的。而蔗糖及其转化产物，都具有旋光性，而且它们的旋光能力不同，故可以利用体系在反应过程中旋光度的变化来度量反应的进程。

测量物质旋光度的仪器称为旋光仪。溶液的旋光度与溶液中所含物质的旋光能力、溶液性质、溶液浓度、样品管长度及温度等均有关系。当其他条件固定时，旋光度 α 与反应物浓度 c 呈线性关系，即：

$$\alpha = \beta c \tag{4-4}$$

式中，β 是比例常数，与物质旋光能力、溶液性质、溶液浓度、样品管长度、温度等有关。

物质的旋光能力用比旋光度来度量，比旋光度用下式表示：

$$[\alpha]_D^{20} = \frac{\alpha \cdot 100}{l c_A} \tag{4-5}$$

式中，$[\alpha]_D^{20}$ 右上角的"20"表示实验时温度为 $20℃$，D 是指用钠灯光源 D 线的波长（即 589nm）；α 为测得的旋光度（°）；l 为样品管长度，dm；c_A 为浓度，g/100mL。

作为反应物的蔗糖是右旋性物质，其比旋光度 $[\alpha]_D^{20} = 66.6°$，生成物中葡萄糖也是右旋性物质，其比旋光度 $[\alpha]_D^{20} = 52.5°$，但果糖是左旋性物质，其比旋光度 $[\alpha]_D^{20} = -91.9°$。由于生成物中果糖的左旋性比葡萄糖右旋性大，所以生成物呈现左旋性质。因此随着反应进行，体系的右旋角不断减小，反应至某一瞬间，体系的旋光度可恰好等于零，而后就变成左旋，直至蔗糖完全转化，这时左旋角达到最大值 α_∞。

$$H_2O + C_{12}H_{22}O_{11} \longrightarrow C_6H_{12}O_6 + C_6H_{12}O_6$$

（蔗糖）　　　　（葡萄糖）　　　（果糖）　　体系总旋光度
　66.6°（右旋）　52.5°（右旋）　−91.9°（左旋）

$t=0$	c_0	0	0	α_0（正值）
$t=t$	c	c_0-c	c_0-c	α_t
$t=\infty$	0	c_0	c_0	α_∞（负值）

设体系最初的旋光度为：

$$\alpha_0 = \beta_{反} c_0 \quad (t=0, 蔗糖尚未转化) \tag{4-6}$$

体系最终的旋光度为：

$$\alpha_\infty = \beta_{生} c (t=\infty, 蔗糖已完全转化) \tag{4-7}$$

式中，$\beta_{反}$ 和 $\beta_{生}$ 分别为反应物与生成物的比例常数。

当时间为 t 时，蔗糖浓度为 c，此时旋光度为 α_t，即：

$$\alpha_t = \beta_{反} c + \beta_{生} (c_0 - c) \tag{4-8}$$

由式(4-6)～式(4-8) 联立可解得：

$$c_0 = (\alpha_0 - \alpha_\infty)/(\beta_{反} - \beta_{生}) = \beta'(\alpha_0 - \alpha_\infty) \tag{4-9}$$

$$c = (\alpha_t - \alpha_\infty)/(\beta_{反} - \beta_{生}) = \beta'(\alpha_t - \alpha_\infty) \tag{4-10}$$

将式(4-9) 和式(4-10) 代入式(4-2) 即得：

$$\ln(\alpha_t - \alpha_\infty) = -kt + \ln(\alpha_0 - \alpha_\infty) \tag{4-11}$$

以 $\ln(\alpha_0 - \alpha_\infty)$ 对 t 作图可得一直线，从直线斜率即可求得反应速率常数 k。

四、仪器与试剂

仪器：旋光仪；容量瓶（25mL）；锥形瓶（250mL）；量筒（25mL）。

试剂：蔗糖（A.R）；HCl 溶液（4.00mol·L^{-1}）。

五、实验步骤

1. 仪器装置

了解旋光仪的构造、原理，掌握使用方法。

2. 旋光仪的零点校正

蒸馏水为非旋光物质，可以用来校正旋光仪的零点（即 $\alpha=0$ 时仪器对应的刻度）。校正时，先洗净样品管，将管的一端加上盖子，并由另一端向管内灌满蒸馏水，在上面形成一凸面，然后盖上玻璃片和套盖，玻璃片紧贴于旋光管，此时管内不应该有气泡存在。但必须注意旋紧套盖时，一手握住管上的金属鼓轮，另一手旋套盖，不能用力过猛，以免玻璃片压碎。然后用吸滤纸将管外的水擦干，再用擦镜纸将样品管两端的玻璃片擦净，放入旋光仪的光路中。打开光源，调节目镜聚焦，使视野清晰，再旋转检偏镜至能观察到三分视野暗度相等为止。记下检偏镜的旋光度 α，重复测量数次，取其平均值。此平均值即为零点，用来校正仪器系统误差。

3. 反应过程的旋光度的测定

称取 5g 蔗糖于锥形瓶内，加入少量蒸馏水，使蔗糖完全溶解，配制成 25mL 的蔗糖溶液。用量筒量取 25mL 4.00mol·L^{-1} 的 HCl 溶液。将 HCl 溶液和蔗糖溶液共同加入到锥形瓶中，同时开始计时。迅速进行混合，使之均匀后，立即用少量反应液荡洗旋光管 1～2 次，然后将反应液装满旋光管，旋上套盖，放进旋光仪内，测量各时刻对应的旋光度。第一个数据，要求在 2min 时进行测定。后续测量为 2min 读 7 次，4min 读 4 次，6min 读 3 次，10min 读 2 次，测量时间为 68min，共 16 个测量值。

4. α_∞ 的测量

将锥形瓶内剩余的反应液置于 50～60℃ 的水浴内温热 60min，使其加速反应至完全。然后取出，冷至实验温度下测定旋光度，在 10～15min 内，读取 3～5 个数据，如在测量误差范围，取其平均值，即为 α_∞ 值。

六、实验数据记录及处理

① 将反应过程所测得的旋光度 α_t 和对应时间 t 列表 4-1。

表 4-1 实验数据记录

室温：_____℃； $\alpha_\infty=$_____

反应时间/min	α_t	$\alpha_t - \alpha_\infty$	$\ln(\alpha_t - \alpha_\infty)$
2			
4			
6			
8			
10			
12			
14			

续表

反应时间/min	α_t	$\alpha_t - \alpha_\infty$	$\ln(\alpha_t - \alpha_\infty)$
18			
22			
26			
30			
36			
42			
48			
58			
68			

② 以 $\ln(\alpha_t - \alpha_\infty)$ 对 t 作图，由直线斜率求反应速率常数 k 并计算反应半衰期 $t_{1/2}$。

七、思考讨论

① 实验中，我们用蒸馏水来校正旋光仪的零点，试问在蔗糖转化反应过程中所测的旋光度 α_t 是否必须要进行零点校正？

② 配制蔗糖溶液时称量不够准确，对测量结果是否有影响？

③ 在混合蔗糖溶液和盐酸溶液时，我们将盐酸加到蔗糖溶液中，可否将蔗糖溶液加到盐酸溶液中去？为什么？

④ 如何利用实验数据计算蔗糖水解反应的活化能 E？

八、备注

1. 偏振光的基本概念

根据麦克斯韦的电磁场理论，光是一种电磁波。光的传播就是电场强度 E 和磁场强度 H 以横波形式传播的过程。而 E 与 H 互相垂直，也都垂直于光的传播方向，因此光波是一种横波。由于引起视觉变化和光化学反应的是 E，所以 E 矢量又称为光矢量，把 E 的振动称为光振动，E 与光波传播方向之间组成的平面叫振动面。光在传播过程中，光振动始终在某一确定方向的光称为线偏振光，简称偏振光 [图 4-1(a)]。普通光源发射的光是由大量原子或分子辐射而产生，单个原子或分子辐射的光是偏振的，但由于热运动和辐射的随机性，大量原子或分子所发射的光的光矢量出现在各个方向的概率是相同的，没有哪个方向的光振动占优势，这种光源发射的光不显现偏振的性质，

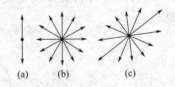

图 4-1 偏振光、自然光和部分偏振光光振动分布的图示

称为自然光 [图 4-1(b)]。还有一种光线，光矢量在某个特定方向上出现的概率比较大，也就是光振动在某一方向上较强，这样的光称为部分偏振光 [图 4-1(c)]。

2. 偏振光的获得和检测

将自然光变成偏振光的过程称为起偏，起偏的装置称为起偏器。常用的起偏器有人工制造的偏振片、晶体起偏器。还可以利用反射或多次透射（光的入射角为布儒斯特角）而获得偏振光。自然光通过偏振片后，所形成偏振光的光矢量方向与偏振片的偏振化方向（或称透

光轴）一致。在偏振片上用符号"b"表示其偏振化方向。

鉴别光的偏振状态的过程称为检偏，检偏的装置称为检偏器。实际上起偏器也就是检偏器，两者是通用的。如图4-2所示，自然光通过作为起偏器的偏振片1以后，变成光通量为 ϕ_0 的偏振光，这个偏振光的光矢量与偏振化方向2同方位，而与作为检偏器的偏振片3的偏振化方向4的夹角为 θ。根据马吕斯定律，ϕ_0 通过检偏器后，透射光通量为：

$$\phi = \phi_0 \cos^2\theta$$

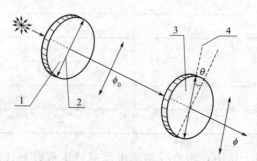

图4-2 自然光通过起偏器和检偏器的变化

透射光仍为偏振光，其光矢量与检偏器偏振化方向同方位。显然，当以光线传播方向为轴转动检偏器时，透射光通量 ϕ 将发生周期性变化：当 $\theta=0°$ 时，透射光通量最大；当 $\theta=90°$ 时，透射光通量最小（消光状态），接近全暗；当 $0°<\theta<90°$ 时，透射光通量介于最大值和最小值之间。但同样对自然光转动检偏器时，就不会发生上述现象，透射光通量不变。对部分偏振光转动检偏器时，透射光通量有变化但没有消光状态。因此根据透射光通量的变化，就可以区分偏振光、自然光和部分偏振光。

3. 旋光现象

阿喇果（Arago）在1811年发现，当偏振光通过某些透明物质后，偏振光的偏振面将旋转一定的角度，这种现象称为旋光现象（图4-3）。能产生旋光现象的物质称为旋光物质，例如石英、石油、酒石酸溶液、蔗糖溶液等。当观察者迎着光线观看时，振动面顺时针方向旋转的物质称为右旋（或正旋）物质；振动面逆时针方向旋转的物质称为左旋（或负旋）物质。

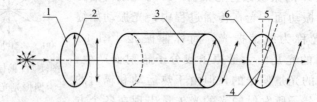

图4-3 旋光现象
1—起偏器；2—起偏器偏振化方向；3—旋光物质；4—检偏器偏振化方向；
5—旋光角 α；6—检偏器

对固体旋光物质，振动面的旋光角 α 与光透过该物质的厚度 d 成正比，即：

$$\alpha = [\alpha]d \tag{4-12}$$

式中，$[\alpha]$ 称为固体（或晶体）的旋光率，它在数值上等于偏振光通过厚度为1mm的固体（或晶体）片后振动面的旋光角。

对于溶液，旋光角 α 与偏振光通过的溶液长度 l 和溶液中旋光物质浓度 c' 成正比，其比例系数 $[\alpha]_D^{20}$ 称为比旋光度。实验表明，比旋光度还与入射光的波长和溶液温度有关，同一旋光物质对不同波长的光有不同的旋光率。在一定温度下，物质的旋光率与入射光波长的平方成反比，即随波长的减小而迅速增大，这个现象称为旋光色散。因此比旋光度规定为在 20℃ 及钠光 D 线（589.3nm）的波长下的旋光能力，其定义为一个 10cm 长，每立方厘米溶液中含有 1g 旋光物质所产生的旋光角，可用方程表示为：

$$[\alpha]_D^{20} = \frac{10\alpha}{lc'} \tag{4-13}$$

式中，l 为偏振光通过的溶液长度，cm；c' 为旋光物质浓度，$g \cdot cm^{-3}$。

若已知旋光性溶液的浓度 c' 和液柱的长度 l，则测出旋光角度就可以算出其旋光率。若 l 不变，且溶液温度和环境温度保持不变，依次改变浓度 c'，测出相应的旋光角度 α，作 α-c' 曲线（旋光曲线），则得到一条直线，其斜率为 $[\alpha]_D^{20} l$，从直线的斜率可计算出比旋光度 $[\alpha]_D^{20}$。反之，通过测量 α，可以测定溶液中所含旋光物质的浓度 c'，即根据测出的旋光角 α，从该物质的旋光曲线上查出对应的浓度 c'。

4. 旋光仪

旋光仪的主要元件是两块尼柯尔棱镜。尼柯尔棱镜是由两块方解石直角棱镜沿斜面用加拿大树脂黏合而成，如图 4-4 所示。

当一束单色光照射到尼柯尔棱镜时，分解为两束相互垂直的平面偏振光，一束折射率为 1.658 的寻常光，一束折射率为 1.486 的非寻常光，这两束光线到达加拿大树脂黏合面时，折射率大的寻常光（加拿大树脂的折射率为 1.550）被全反射到底面上的墨色涂层被吸收，而折射率小的非寻常光则通过棱镜，这样就获得了一束单一的平面偏振光。

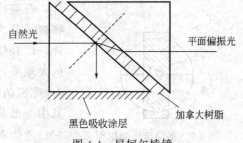

图 4-4　尼柯尔棱镜

用于产生平面偏振光的棱镜称为起偏镜，如让起偏镜产生的偏振光照射到另一个透射面与起偏镜透射面平行的尼柯尔棱镜，则这束平面偏振光也能通过第二个棱镜，如果第二个棱镜的透射面与起偏镜的透射面垂直，则从起偏镜出来的偏振光完全不能通过第二个棱镜。如果第二个棱镜的透射面与起偏镜的透射面之间的夹角 θ 在 0°～90°，则光线部分通过第二个棱镜，第二个棱镜称为检偏镜。通过调节检偏镜，能使透过的光线强度在最强和零之间变化。如果在起偏镜与检偏镜之间放有旋光性物质，则由于物质的旋光作用，使来自起偏镜的光的偏振面改变了某一角度，只有检偏镜也旋转同样的角度，才能补偿旋光线改变的角度，使透过的光的强度与原来相同。旋光仪就是根据这种原理设计的。

WXG-4 型旋光仪可用来测量旋光性溶液的旋光角，其实物和内部结构如图 4-5 所示。为了准确地测定旋光角 α，仪器的读数装置采用双游标读数，以消除度盘的偏心差。度盘等分 360 格，分度值 α=1°，角游标的分度数 n=20，因此，角游标的分度值 a/n=0.05°，与 20 分度游标卡尺的读数方法相似。度盘和检偏镜联结成一体，利用度盘转动手轮作粗（小轮）、细（大轮）调节。游标窗前装有供读游标用的放大镜。

仪器还在视场中采用了半荫法比较两束光的亮度，其原理是在起偏镜后面加一块石英

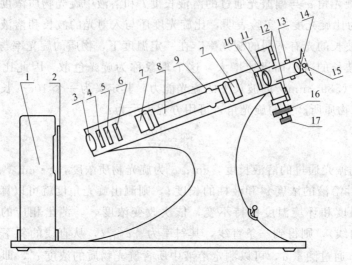

图 4-5 WXG-4 型旋光仪

1—钠光灯；2—毛玻璃片；3—会聚透镜；4—滤色镜；5—起偏镜；6—石英片；7—测试管端螺母；8—测试管；
9—测试管凸起部分；10—检偏镜；11—望远镜物镜；12—度盘和游标；13—望远镜调焦手轮；
14—望远镜目镜；15—游标读数放大镜；16—度盘转动细调手轮；17—度盘转动粗调手轮

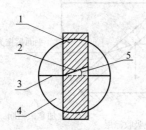

图 4-6 半荫法视场原理

1—石英片；2—石英片光轴；3—起偏镜偏振化方向；4—起偏镜；5—起偏镜偏振化方向与石英片光轴的夹角

片，石英片和起偏镜的中部在视场中重叠，如图 4-6 所示，将视场分为三部分，并在石英片旁边装上一定厚度的玻璃片，以补偿由于石英片的吸收而发生的光亮度变化，石英片的光轴平行于自身表面并与起偏镜的偏振化方向有一小夹角 θ（称影荫角）。由光源发出的光经过起偏镜后变成偏振光，其中一部分再经过石英片，石英是各向异性晶体，光线通过它将发生双折射。可以证明，厚度适当的石英片会使穿过它的偏振光的振动面转过 2θ 角，这样进入测试管的光是振动面间夹角为 2θ 的两束偏振光。

在图 4-7 中，OP 表示通过起偏镜后的光矢量，而 OP' 则表示通过起偏镜与石英片后的偏振光的光矢量，OA 表示检偏镜的偏振化方向，OP 和 OP' 与 OA 的夹角分别为 β 和 β'，OP 和 OP' 在 OA 轴上的分量分别为 OP_A 和 OP'_A。转动检偏镜时，OP_A 和 OP'_A 的大小将发生变化，于是从目镜中所看到的三分视场的明暗也将发生变化。图中画出了四种不同的情形：

① $\beta' > \beta$，$OP_A > OP'_A$：从目镜观察到三分视场中与石英片对应的中部为暗区，与起偏镜直接对应的两侧为亮区，三分视场很清晰。当 $\beta' = \pi/2$ 时，亮区与暗区的反差最大。

② $\beta' = \beta$，$OP_A = OP'_A$：三分视场消失，整个视场为较暗的黄色。

③ $\beta' < \beta$，$OP_A < OP'_A$：视场又分为三部分，与石英片对应的中部为亮区，与起偏镜直接对应的两侧为暗区。当 $\beta = \pi/2$ 时，亮区与暗区的反差最大。

④ $\beta' = \beta$，$OP_A = OP'_A$：三分视场消失，由于此时 OP 和 OP' 在 OA 轴上的分量比第二种情形时大，因此整个视场为较亮的黄色。

由于在亮度较弱的情况下，人眼辨别亮度微小变化的能力较强，所以取图 4-7(b) 情形的视场为参考视场，并将此时检偏镜偏振化方向所在的位置取作度盘的零点。

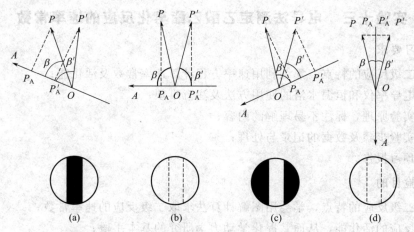

图 4-7 旋光仪的测量原理

实验时,将旋光性溶液注入已知长度 L 的测试管中,把测试管放入旋光仪的试管筒内,这时 OP 和 OP' 两束线偏振光均通过测试管,它们的振动面都转过相同的角度 α,并保持两振动面间的夹角为 2θ 不变。转动检偏镜使视场再次回到图 4-7(b) 状态,则检偏镜所转过的角度就是被测溶液的旋光角 α。

九、注意事项

① 测试管应轻拿轻放,避免打碎。

② 所有镜片,包括测试管两头的护片玻璃都不能用手直接揩拭,应用柔软的绒布或镜头纸揩拭。

③ 只能在同一方向转动度盘手轮时读取始、末示值,决定旋光角。而不能在来回转动度盘手轮时读取示值,以免产生回程误差。

④ 保持试样管及其两端玻璃片洁净,以免影响透光。

⑤ 试样管已注入溶液,切勿打开试样管,以免溶液泄漏。

⑥ 试样管的两端经精密磨制,以保证其长度为确定值并透光良好,使用时十分小心,以防损坏。

十、参考文献

[1] 蔡显鄂,等编. 物理化学实验. 北京:高等教育出版社,1986,116-120.
[2] 北京大学化学系物理化学教研室. 物理化学实验. 第 3 版. 北京:北京大学出版社,1995,106-112.
[3] 戴维 P. 休斯尔,等,物理化学实验. 第 4 版. 俞鼎琼,等译. 北京:化学工业出版社,1990,279.
[4] 许越. 化学反应动力学. 北京:化学工业出版社,2005.
[5] 徐正. 化学反应速率理论导论. 南京:江苏科学技术出版社,1987.

实验十三 电导法测定乙酸乙酯皂化反应的速率常数

一、预习要求
1. 掌握二级反应的特点，熟练利用速率方程计算速率常数及活化能；
2. 了解电导率仪和恒温水浴的使用方法及注意事项；
3. 通读实验原理，标注不易理解的内容；
4. 了解实验步骤及数据的记录与处理；
5. 完成预习报告。

二、实验目的
1. 了解二级反应的特点，学会用图解计算法求取二级反应的速率常数；
2. 计算反应的活化能，从而掌握化学动力学研究的基本手段；
3. 学会使用电导率仪和恒温水浴。

三、实验原理

乙酸乙酯皂化反应中，反应速率分别和乙酸乙酯和氢氧化钠浓度的一次方成正比，所以总的反应级数是二，其反应式为：

$$CH_3COOC_2H_5 + NaOH \longrightarrow CH_3COONa + C_2H_5OH$$

在反应过程中，各物质的浓度随时间而改变。

$$CH_3COOC_2H_5 + NaOH \longrightarrow CH_3COONa + C_2H_5OH$$

$$
\begin{array}{lcccc}
t=0 & c & c & 0 & 0 \\
t=t & c-x & c-x & x & x \\
t\to\infty & \to 0 & \to 0 & \to c & \to c
\end{array}
$$

反应速率可定义为单位时间内单位体积中，反应进度的变化率。因此，该反应速率方程的微分表达式为：

$$\frac{dx}{dt} = k(c-x)(c-x) \tag{4-14}$$

要想知道这个反应的动力学特点，就需要知道该速率方程的积分表达式。积分得：

$$kt = \frac{x}{c(c-x)} \tag{4-15}$$

反应的离子方程式表达为：

$$CH_3COOC_2H_5 + OH^- \longrightarrow CH_3COO^- + C_2H_5OH$$

体系中，$CH_3COOC_2H_5$ 和 C_2H_5OH 不具有明显的导电性，它们的浓度变化不至于影响电导率的数值。Na^+ 在反应过程中浓度始终不变，因此 Na^+ 对溶液总的电导率有固定的贡献，而对电导率的变化无贡献。因此，参与导电且反应过程中浓度发生改变的只有 OH^- 和 CH_3COO^-。由于 OH^- 的摩尔电导率远大于 CH_3COO^- 的摩尔电导率（约5倍关系），随着反应的进行，OH^- 的浓度不断减少，而 CH_3COO^- 的浓度不断增加，故体系的总电导率 $G_总$ 呈下降态势。在一定范围内，可以认为体系电导率的减少量与 CH_3COONa 的浓度的增加量成正比，即：

$t=t$ 时： $\qquad\qquad\qquad x = B(G_0 - G_t) \tag{4-16}$

$t=\infty$ 时： $\qquad\qquad\qquad c = B(G_0 - G_\infty) \tag{4-17}$

式中，G_0 和 G_t 分别为溶液起始和 t 时的电导率；G_∞ 为反应终了时的电导率；B 为比例常数。将式(4-16) 和式(4-17) 代入式(4-15)，整理后得：

$$kt = \frac{B(G_0 - G_t)}{cB[(G_0 - G_\infty) - (G_0 - G_t)]} = \frac{G_0 - G_t}{c(G_t - G_\infty)} \quad (4\text{-}18)$$

由直线方程可知，只要测出 G_0、G_∞ 以及一组 G_t，以 $(G_0 - G_t)/(G_t - G_\infty)$ 对 t 作图，应得一直线，由斜率即可求得反应速率常数 k 值（单位为 $\min^{-1} \cdot \text{mol}^{-1} \cdot \text{L}$）。

四、仪器与试剂

仪器：恒温槽；ZHFY-Ⅰ乙酸乙酯皂化反应测定装置；叉形电导池；秒表；试管；电导池；移液管（50mL）；洗瓶。

试剂：0.0200mol·L⁻¹ NaOH 溶液（新鲜配制）；0.0100mol·L⁻¹ NaOH 溶液；0.0200mol·L⁻¹ CH₃COOC₂H₅ 溶液（新鲜配制）；0.0100mol·L⁻¹ CH₃COONa 溶液。

五、实验步骤

① ZHFY-Ⅰ乙酸乙酯皂化反应测定装置见图 4-8，连接好恒温槽，打开电动搅拌器、控温仪开关，调节恒温槽温度，加热至恒温。

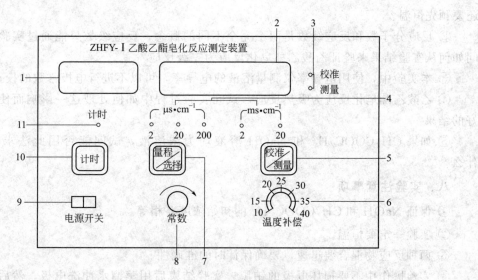

图 4-8　ZHFY-Ⅰ乙酸乙酯皂化反应测定装置
1—计时显示窗口；2—测量数据显示窗口；3—工作状态灯；4—量程灯；5—功能键；6—温度补偿；
7—量程转换；8—常数调节旋钮；9—电源开关；10—计时键；11—计时灯

② 预热电导率仪并进行调节（调节方法见实验九备注部分）。

③ G_0 和 G_∞ 的测量　用移液管量取 0.0100mol·L⁻¹ NaOH 溶液于大试管中，恒温 10min，测量 3 次该溶液的电导率值，取平均值即为 G_0。实验测定 G_∞，不可能等到 $t \to \infty$，而且反应也不完全可逆，通常以 0.0100mol·L⁻¹ CH₃COOC₂H₅ 溶液的电导率代替，测量方法同 G_0。

④ G_t 的测量　用移液管量取 0.0200mol·L⁻¹ NaOH 溶液 10mL 加入到叉形电导池的直管中，支管中加入 0.0200mol·L⁻¹ CH₃COOC₂H₅ 溶液 10mL。恒温 10min 后，将两溶液混合，混合一半时开始记录反应时间，然后每隔 4min 测一次电导，测 10 个点，共计 40min。

⑤ 实验小组可按上述步骤测定不同温度 T 时的反应速率常数 k，根据阿伦尼乌斯（Arrhenius）公式：

$$k = A\exp\left(-\frac{E_a}{RT}\right) \tag{4-19}$$

$$\ln k = -\frac{E_a}{RT} + \ln A \tag{4-20}$$

由式(4-20)可知，如果以 $\ln k \sim 1/T$ 作图，得一直线，其斜率为 $-E_a/R$，则可求得活化能 E_a。

六、实验数据记录及处理

① 根据测定结果，分别以 $(G_0-G_t)/(G_t-G_\infty)$ 对 t 作图，由直线斜率计算反应速率常数 k 值。

② 根据各小组实验数据，以 $\ln k \sim 1/T$ 作图，计算反应的活化能 E_a。

七、思考讨论

① 为什么本实验要在恒温条件下进行？而且 $CH_3COOC_2H_5$ 和 NaOH 溶液，在混合前还要预先恒温？

② 反应分子数和反应级数是两个完全不同的概念，反应级数只能通过实验来确定。试问如何从实验结果来验证乙酸乙酯皂化反应为二级反应？

③ 本实验中，使用电导率仪测量溶液的电导率，可以不进行电极常数的校正，为什么？

④ 乙酸乙酯皂化反应为吸热反应，试问实验过程中如何处理这一影响而使实验得到较好的结果？

⑤ 如果 $CH_3COOC_2H_5$ 和 NaOH 溶液均为浓溶液，试问能否用此法求得 k 值？为什么？

八、实验注意事项

① 保证 NaOH 和 $CH_3COOC_2H_5$ 的初始浓度要相等。

② 实验一定要恒温。

③ 两种反应物混合要迅速，要确保计时的准确性。

④ 实验操作中不要损坏电极的铂黑。实验结束后用蒸馏水冲洗电极，然后将其浸泡在蒸馏水中。

⑤ 加热器插头应插在控温仪的插孔上，不得直接插在其他电源上。

⑥ 最后洗涤大试管和电导池，烘干后放回原位。

九、参考文献

[1] 复旦大学, 等. 物理化学实验. 第3版. 北京: 高等教育出版社, 2004.
[2] 东北师范大学, 等. 物理化学实验. 第2版. 北京: 高等教育出版社, 1994.
[3] 杨锐, 孙彦璞. 基础化学实验Ⅱ: 物理化学模块. 银川: 宁夏人民出版社, 2008.
[4] 陈书鸿, 张丽莹, 乐艳, 等. 乙酸乙酯皂化反应速率常数测定实验的改进. 重庆三峡学院学报, 2016, 3: 61-64.
[5] 玉占君, 张文伟, 任庆云. 电导法测定乙酸乙酯皂化反应速率常数的一种数据处理方法. 辽宁师范大学学报（自然科学版）, 2006, 29: 511-512.

实验十四　丙酮碘化反应速率常数的测定

一、预习要求
1. 了解复杂反应的反应机理和特征，熟悉复杂反应的表观速率常数的计算方法；
2. 了解 722S 型分光光度计的使用方法；
3. 通读实验原理，标注不易理解的内容；
4. 了解实验步骤及数据的记录与处理；
5. 完成预习报告。

二、实验目的
1. 用光密度法测定丙酮碘化反应速率常数；
2. 掌握分光光度计的使用方法。

三、实验原理
丙酮碘化反应式为：

$$CH_3-\overset{O}{\underset{\|}{C}}-CH_3 + I_2 \longrightarrow CH_3-\overset{O}{\underset{\|}{C}}-CH_2I + H^+ + I^-$$

该反应由两个基元反应构成：

① 丙酮在氢离子的催化下的烯醇化反应：

$$CH_3-\overset{O}{\underset{\|}{C}}-CH_3 \longrightarrow CH_3-\overset{OH}{\underset{|}{C}}=CH_2$$

②

$$CH_3-\overset{OH}{\underset{|}{C}}=CH_2 + I_2 \longrightarrow CH_3-\overset{O}{\underset{\|}{C}}-CH_2I + H^+ + I^-$$

第一个反应的速率较慢，而第二个反应的速率很快，实际上可以进行到底。故第一个反应是整个反应的速率控制步骤，即总反应的速率由它决定。

若以碘的消耗来表示反应的速率，则有：

$$-\frac{dc_I}{dt}=kc_a \tag{4-21}$$

式中，t 为反应时间；c_I 为 I_2 的浓度；c_a 为 t 时刻丙酮的浓度；k 为与催化剂 H^+ 有关的"假"反应速率常数。在该反应中，随着反应的进行，不断产生 H^+，而 H^+ 反过来又起到催化作用，故它又是一个自动催化反应。在大量外加酸存在的前提下，反应过程中 H^+ 浓度可视为不变，因而反应表现为假一级反应。

若丙酮及碘的起始浓度为 c_a^0 和 c_I^0，则有：

$$c_a=c_a^0-(c_I^0-c_I)=c_a^0-c_I^0+c_I \tag{4-22}$$

将式(4-22)代入式(4-21)，可以得到：

$$-\frac{dc_I}{dt}=k(c_a^0-c_I^0+c_I) \tag{4-23}$$

即

$$-\frac{dc_I}{d(c_a^0-c_I^0+c_I)}=k\,dt$$

对式(4-23)进行积分，可以得到：

$$\ln(c_a^0 - c_I^0 + c_I) = -kt \tag{4-24}$$

式(4-24)变化形式，得：

$$\ln\left[c_a^0\left(1 - \frac{c_I^0 - c_I}{c_a^0}\right)\right] = -kt$$

即：

$$\ln c_a^0 + \ln\left(1 - \frac{c_I^0 - c_I}{c_a^0}\right) = -kt \tag{4-25}$$

根据泰勒公式：

$$\ln(1-x) = -\left(x + \frac{1}{2}x^2 + \frac{1}{3}x^3 + \frac{1}{4}x^4 + \Lambda\right) \tag{4-26}$$

可以把式(4-25)变换为：

$$\ln c_a^0 - \frac{c_I^0 - c_I}{c_a^0} = -kt \tag{4-27}$$

展开，移相，可以得到：$c_I^0 - c_I = c_a^0 kt + c_a^0 \ln c_a^0$

即：

$$c_I = -c_a^0 kt - c_a^0 \ln c_a^0 + c_I^0 \tag{4-28}$$

由此可见，若测定一系列 c_I，并将其对 t 作图可以得到一条直线，该直线的斜率为 $-c_a^0 k$，由已知的丙酮起始浓度就可以求得反应的速率常数 k。

在本实验中用比色法测定碘的浓度。若 D 为测得的光密度，J 为换算因子，则有：

$$c = JD \tag{4-29}$$

将式(4-29)代入式(4-28)，可以得到：

$$JD = -c_a^0 kt - c_a^0 \ln c_a^0 + c_I^0$$

即：

$$D = -\frac{c_a^0 k}{J}t - \frac{c_a^0 \ln c_a^0 - c_I^0}{J} = -At + B \tag{4-30}$$

因此只要测定不同时刻反应体系的光密度 D，然后作 D-t 图，根据斜率就可以求出 k。换算因子 J 可以通过测定若干已知浓度的碘的标准溶液的光密度 D，从 D-c_I 图中求得。显然 J 就是所作直线的斜率。

因为反应速率与温度有关，所以实验必须在恒温条件下进行。

为了测定反应某时刻碘的浓度，必须在此时刻终止反应。在本实验中，加入等量的弱碱碳酸氢钠，中和体系中的酸，即使用消除催化剂的方法来终止反应。

四、仪器与试剂

仪器：722S 型分光光度计；比色皿；比色架；恒温槽；容量瓶（100mL）；容量瓶（50mL）；移液管。

试剂：盐酸溶液（A.R，0.5mol·L^{-1}）；碳酸氢钠（A.R）；碘（A.R）；丙酮（A.R）。

五、实验步骤

① 设定恒温槽的温度：开启恒温槽，设定温度为 25℃。

② 调整分光光度计：接通分光光度计电源，开机；将选择开关置于"T"，波长调到 560nm 的位置上，然后将比色架放入样品室中，盖好箱盖，仪器预热 20min；打开样品室盖，调节"0"按钮，使数字显示为"00.0"，盖上样品室盖，将装有蒸馏水的比色皿放到比色架上，使之处在光路中；调节透射率"100%"按钮，使数字显示为"100.0"。

③ 配制浓度分别为 0.5×10^{-4} mol·L^{-1}、1.0×10^{-4} mol·L^{-1}、1.5×10^{-4} mol·L^{-1}、2.0×10^{-4} mol·L^{-1}、3.0×10^{-4} mol·L^{-1}、4.5×10^{-4} mol·L^{-1}、6.0×10^{-4} mol·L^{-1}

的碘溶液各 100mL，分别测定其光密度，按照表 4-2 记录数据。

④ 取 8 个 100mL 容量瓶，分别加入 5mL 的 0.5mol·L^{-1} NaHCO$_3$ 溶液，并用量筒加入 50mL 蒸馏水，标号分别为 1～8。

⑤ 在洗净的棕色容量瓶中加入浓度为 3.0×10^{-2} mol·L^{-1} 的 I$_2$ 溶液，再加入 15mL 0.5mol·L^{-1} HCl 溶液 10mL，并加入蒸馏水 50mL，摇匀后将该容量瓶置于恒温槽中恒温。恒温 20min，取出棕色容量瓶，用 5mL 干燥的移液管移取 5mL 丙酮注入容量瓶中，当溶液开始流出时开启秒表，此时的 t 为 0，用蒸馏水稀释至刻度，摇匀后立即放回恒温槽中。

⑥ 当反应 5min 时，用干燥的 10mL 移液管迅速从棕色容量瓶中吸取 10mL 溶液注入 1 号容量瓶中，待溶液流完后用蒸馏水稀释至刻度，摇匀，测定其光密度。

⑦ 每间隔 5min 取样一次，每次反应的终止时间均从溶液开始流出为准。用分光光度计测定各反应时刻溶液的光密度，按照表 4-3 记录数据。

六、实验数据记录及处理

① 按照表 4-2 和表 4-3 记录实验数据。

表 4-2 不同浓度碘溶液的光密度

$c(I_2)\times 10^{-4}$/mol·L^{-1}	0.5	1.0	1.5	2.0	3.0	4.5	6.0
D							

表 4-3 不同反应时间光密度的测定

t/min	5	10	15	20	25	30	35	40
D								

② 根据室温计算反应前丙酮的起始浓度 c_a^0。
③ 绘制标准 I$_2$ 溶液的 $c(I_2)$-D 曲线，求出换算因子 J。
④ 作 D-t 图，求出直线的斜率。
⑤ 由上述各步的计算结果计算出反应温度下的反应速率常数 k。

七、思考讨论

① 动力学实验中，正确计算时间是很重要的实验关键。本实验中，从反应物开始混合，到开始读数，中间有一段不很短的操作时间，这对实验结果有无影响？为什么？
② 在配制碘和盐酸的混合液时，加入碘和盐酸的顺序是否可以颠倒？为什么？

八、备注

722S 型可见分光光度计的基本操作有以下几个步骤。

1. 预热

为使仪器内部达到热平衡，开机后预热时间不小于 30min。开机后预热时间小于 30min 时，请注意随时操作置 0%（T）、100%（T），确保测试结果有效。

注意：由于仪器检测器（光电管）有一定的使用寿命，应当尽量减少对光电管的光照，所以在预热的过程中应打开样品室盖，切断光路。

2. 改变波长

通过旋转波长调节手轮可以改变仪器的波长显示值（顺时针方向旋转波长调节手轮波长

显示值增大，逆时针方向旋转则显示值减少）。调节波长时，视线一定要与视窗垂直。

3. 放置参比样品和待测样品

① 选择测试用的比色皿。

② 把盛好参比样品和待测样品的比色皿放到四槽位样品架内。

③ 用样品架拉杆来改变四槽位样品架的位置。当拉杆到位时有定位感，到位时请前后轻轻推拉一下以确保定位正确。

4. 置 0%（T）

目的：校正读数标尺的零位，配合置100%（T）进入正确测试状态。分光光度计的检测器是基以光电效应的原理，但当没有光照射到检测器上时，也会有微弱的电流产生（暗电流），调0%T主要用来消除这部分电流对实验结果的影响。

调整时机：改变测试波长时；测试一段时间后。

操作：检视透射比指示灯是否亮，若不亮则按"MODE"键，点亮透射比指示灯。打开样品室盖，切断光路（或将黑体置入四槽位样品架中，用样品架拉杆来改变四槽位样品架的位置，使黑体遮断光路）后，按"0％ADJ"键即能自动置0%（T），一次未到位可加按一次。

5. 置 100%（T）

目的：校正读数标尺的零位，配合置0%（T）进入正确测试状态。

调整时机：改变测试波长时；测试一段时间后。

操作：将用作参比的样品置入样品室光路中，关闭掀盖后按"100％ADJ"键即能自动置100%（T），一次未到位可加按一次。

注意：置100%（T）时，仪器的自动增益系统调节可能会影响0%（T），调整后请检查0%（T），若有变化请重复调整0%（T）。

由于溶液对光的吸收具有加和效应，溶液的溶剂及溶液中的其他成分对任何波长的光都会有或多或少的吸收，这样都会影响测试结果的可靠性，所以应设置参比样品以消除这些因素的影响。参比样品应根据测试样品的具体情况进行科学合理的设置。

6. 改变操作模式

本仪器设置有四种操作模式，开机时仪器的初始状态设定在透射比操作模式。

① 透射率。

② 吸光度。

③ 浓度因子。

④ 浓度直读。

7. 浓度因子设定和浓度直读设定

(1) 浓度因子设定

按"MODE"键，选择浓度因子工作模式，再长按"MODE"键，使数值显示窗右端数字连续闪亮，即进入设定模式。这时连续按下"FUNC"键，从右到左，各位数字会依次循环闪亮。某一位数字闪亮时，按数字升降键（"0％ADJ"键和"100％ADJ"键兼用）可设定数字。按下"0％ADJ"键，闪亮数字连续上升，直到要求设定的数字出现时即停止。按下"100％ADJ"键，闪亮数字连续下降，直到要求设定的数字出现时即停止。通过

"FUNC"键、"0％ADJ"键、"100％ADJ"键操作,待四位数字全部设定时,再按"MODE"键,数值显示窗显示出设定的四位浓度因子数值,即完成设定。

(2) 浓度直读设定

按"MODE"键,选择浓度直读工作模式,再长按"MODE"键,数值显示窗右端数字连续闪亮,即进入设定模式。和浓度因子设定时一样操作,按下"FUNC"键,发挥其数字移位功能,按下"0％ADJ"键和"100％ADJ"键,分别发挥其上升数字和下降数字功能,直到各位数字都设定后,再按"MODE"键,数值显示窗显示出设定的直读浓度数值,即完成设定。

九、参考文献

[1] 朱万春,张国艳,李克昌,等. 基础化学实验. 第2版. 物理化学实验分册. 北京:高等教育出版社,2017
[2] 罗鸣. 物理化学实验. 北京:化学工业出版社,2012.
[3] 郝茂荣,李仲轩. 丙酮碘化反应速率常数的测定. 包头钢铁学院学报,1996,15(3):72-75.

第五章

表面化学和胶体化学实验

实验十五 最大泡压法测定溶液的表面张力

一、预习要求

1. 明确表面张力和表面 Gibbs 自由能的概念；
2. 明确弯曲表面附加压力产生的原因及与曲率半径的关系，会使用 Young-Laplace 公式；
3. 通读实验原理，标注不易理解的内容；
4. 了解实验步骤及数据的记录与处理；
5. 完成预习报告。

二、实验目的

1. 掌握最大泡压法测定表面张力的原理和方法；
2. 了解表面张力的性质、表面能的意义以及表面张力和吸附的关系；
3. 通过对不同浓度乙醇溶液表面张力（γ）的测定，从 γ-c 曲线求表面吸附量和乙醇分子的横截面积。

三、实验原理

1. 表面自由能

物体表面层的分子与内部分子因所处的环境不同，导致其能量也不相同。比如，液体与其蒸气所组成的系统，由于在气液界面的分子受到向内的拉力，因而液体表面趋向于收缩。从热力学观点看，液体表面缩小是体系总的自由能减小的一个自发过程。对一定的液体来说，如欲使液体增加新的表面积 ΔA，则需要对其扩展表面做表面功。表面功的大小应与增加的表面积 ΔA 成正比：

$$-W = \gamma \Delta A \tag{5-1}$$

式中，γ 为液体的表面自由能，$J \cdot m^{-2}$。由于 $J = N \cdot m^{-1}$，所以 γ 也称为表面张力（$N \cdot m^{-1}$）。它表示了液体表面自动收缩趋势的大小，其数值与所处的温度、压力、液体的组成和溶质的浓度等因素有关。

2. 溶液的表面吸附

在纯液体情况下，表面层的组成与内部的组成相同，因此液体降低体系表面自由能的唯一途径是尽可能缩小其表面积。对于溶液,由于溶质的存在会影响表面张力,因此可以通过调节溶质在表面层的浓度来降低表面自由能。

根据能量最低原理,当溶质降低了溶剂的表面张力时,表面层溶质的浓度会比在溶液内部的浓度大;反之,当溶质使溶剂的表面张力升高时,它在表面层中的浓度会比在溶液内部的浓度小。这种溶液表面与溶液内部浓度不同的现象叫作溶液的表面吸附。并且在一定温度和压力下,由热力学方法得到溶质的吸附量与溶液的表面张力及溶液的浓度之间遵守吉布斯(Gibbs)吸附方程:

$$\Gamma = -\frac{c}{RT}\left(\frac{d\gamma}{dc}\right)_T \tag{5-2}$$

式中,Γ 为气-液界面上的吸附量,$mol \cdot m^{-2}$;T 为热力学温度,K;c 为溶液浓度,$mol \cdot L^{-1}$;R 为摩尔气体常数。

当 $\left(\frac{d\gamma}{dc}\right)_T < 0$ 时,$\Gamma > 0$,称为正吸附;当 $\left(\frac{d\gamma}{dc}\right)_T > 0$ 时,$\Gamma < 0$,称为负吸附。很明显,当有些溶质加入溶剂,使溶液表面张力显著下降时,这类物质被称为表面活性物质;当有些溶质加入溶剂后,使溶液表面张力显著增加时,这类物质被称为非表面活性物质。本实验测定正吸附情况。

表面活性物质是由亲水的极性部分和憎水的非极性部分构成,它们具有显著的不对称结构。对于有机化合物来说,表面活性物质的极性部分一般为—NH_3^+,—OH,—SH,—COOH,—SO_2OH 等;而非极性部分则为 RCH_2^-,例如乙醇等。它们在水溶液表面的排列情况随其浓度不同而有所差异。通常在水溶液表面的表面活性物质分子,其极性部分朝向溶液内部而非极性部分朝向空气。当浓度小时,溶质分子零星地择优平躺在溶液表面上,如图 5-1(a) 所示;当浓度增大时,溶质分子的极性部分取向溶液内部,非极性部分取向于空间,溶质分子排列如图 5-1(b) 所示;最后当浓度增加到一定程度时,吸附了的溶质分子占据了所有表面,形成了饱和吸附层,如图 5-1(c) 所示。

乙醇是一种常见的表面活性物质,对其水溶液的表面张力和浓度作图(图 5-2)。从图中可以看出,在低浓度区表面张力随浓度的增加而显著下降,而在高浓度区表面张力下降非常缓慢。从 $\gamma\text{-}c$ 曲线作不同浓度 c 时的切线,把对应浓度的斜率 $B\left[B = \left(\frac{d\gamma}{dc}\right)_T\right]$ 代入 Gibbs 吸附公式,即可求出不同浓度下的吸附量 Γ。

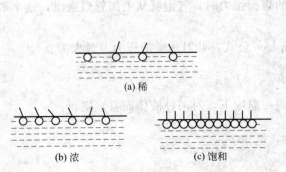

图 5-1 溶质分子在溶液表面的排列情况图

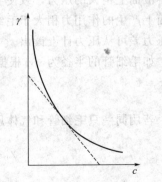

图 5-2 表面张力与浓度的关系图

在一定温度下,吸附量与溶液浓度之间的关系,可用 Langmuir 吸附等温式表示:

$$\Gamma = \Gamma_\infty \frac{Kc}{1+Kc} \tag{5-3}$$

式中，Γ_∞ 为饱和吸附量；K 为经验常数，与溶质的表面活性大小有关。将式（5-3）取倒数后得直线方程：

$$\frac{c}{\Gamma} = \frac{c}{\Gamma_\infty} + \frac{1}{K\Gamma_\infty} \tag{5-4}$$

对 $\frac{c}{\Gamma}$-c 作图，可得一直线，其直线斜率的倒数即为 Γ_∞。

在表面达到饱和吸附时，则可用下式求得乙醇分子的横截面积 S_0。

$$S_0 = \frac{1}{\Gamma_\infty N_A} \tag{5-5}$$

式中，N_A 为阿伏伽德罗常数。

3. 最大气泡压力法测定表面张力

表面张力的测定方法很多，本实验采用最大气泡压法测定乙醇水溶液的表面张力，实验装置示意图如图 5-3 所示。

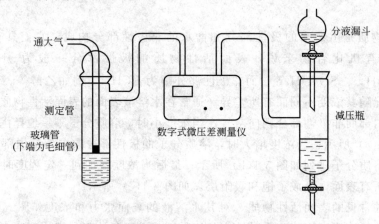

图 5-3　测定表面张力的实验装置示意图

当毛细管下端端面与被测溶液的液面相切时，液面将沿毛细管上升。打开滴液漏斗的活塞，让水缓慢地滴下，此时测定管内的压力会逐渐减小，毛细管内的液面上受到一个比测定管中液面上稍大的压力，致使毛细管内的液面压至管口，并形成气泡。当此压力差在毛细管端面上产生的作用力稍大于毛细管口液体的表面张力时，气泡就从毛细管口逸出，这个最大的压力差可从压力计上读出。

如毛细管的半径为 r，根据 Young-Laplace 公式，此时承受的压力差最大为：

$$\Delta p_{最大} = p_{大气} - p_{系统} = \frac{2\gamma}{r} \tag{5-6}$$

若用同一只毛细管和气体压力计，在同一温度下，对两种液体而言，则得：

$$\gamma_1 = \frac{r}{2}\Delta p_1, \quad \gamma_2 = \frac{r}{2}\Delta p_2, \quad \frac{\gamma_1}{\gamma_2} = \frac{\Delta p_1}{\Delta p_2}$$

$$\gamma_1 = \gamma_2 \frac{\Delta p_1}{\Delta p_2} = K\Delta p_1 \tag{5-7}$$

式中，K 为毛细管常数。因此，已知表面张力 γ_2 的液体为标准，从式（5-7）可求出其

他液体的表面张力 γ_1。

四、仪器与试剂

仪器：DP-AW-Ⅱ表面张力实验装置；带有支管的试管；毛细管；烧杯；温度计；气体压力计；移液管；滴液漏斗；橡皮管。

试剂：乙醇（A.R）。

五、实验步骤

① 洗净仪器，对需要干燥的仪器作干燥处理，按图 5-4 中 DP-AW-Ⅱ 表面张力实验装置装妥各部分。

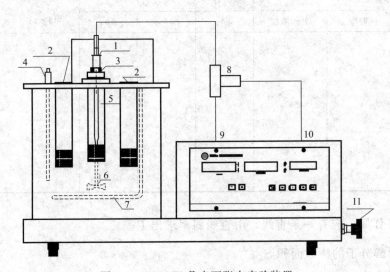

图 5-4　DP-AW-Ⅱ表面张力实验装置

1—毛细管磨口；2—待测样品管；3—液面调节螺栓；4—温度传感器；5—样品管；6—搅拌器；
7—加热器；8—三通；9—压力传感器；10—微压调节输出接嘴；11—微压调节阀

② 调节恒温槽的温度为 25℃ 或 30℃，冬季为 25℃，夏季为 30℃。

③ 毛细管常数的测定　先用二次蒸馏水作为待测液体测定其毛细管常数。从测定管口注入溶液使毛细管的端点刚好与液面相切，恒温 10min。打开滴液漏斗，控制滴液速度，使由毛细管逸处的气泡速度为每个 5~10s，在压力计上读出毛细管口气泡逸出时的瞬间的最大压力差 Δp_{H_2O}，重复读三次，取其平均值。

④ 乙醇溶液的 Δp 值测定　用移液管移取测定管内溶液 2mL，用另一移液管向测定管内加入无水乙醇 2mL，滴加几滴二次蒸馏水使毛细管的端点刚好与液面相切，按步骤③完成实验，每一溶液测完 Δp 值后，接着将从测定管中取出的 2mL 溶液用阿贝折射仪测其折射率。连续测定 7 次（注意：在测定每份试样时，需用搅拌后的该试样冲洗毛细管 3~4 次）。

⑤ 测定标准乙醇溶液的折射率。

⑥ 实验完后关闭恒温水浴，用蒸馏水洗净仪器，样品管中装好蒸馏水，并将毛细管浸入水中保存。

六、实验数据记录及处理

① 25℃时，纯水的表面张力为 71.97mN·m^{-1}，利用公式 $K = \dfrac{\gamma_{H_2O}}{\Delta p_{H_2O}}$，可以算出毛

管常数 K。

② 绘制标准乙醇溶液的浓度-折射率工作曲线查出各溶液的浓度。

③ 分别计算各种浓度乙醇溶液的 γ 值，作 γ-c 曲线图，在 γ-c 曲线图上求出各浓度值的相应斜率，即 $\dfrac{\mathrm{d}\gamma}{\mathrm{d}c}$。

④ 计算溶液各浓度所对应的单位表面吸附量，列入表 5-1。

表 5-1 实验数据记录

实验温度：_____℃；大气压：_____kPa

乙醇水溶液浓度/%			压力计读数			γ /(J·m^{-2})	Γ /(J·m^{-2})
编号	折射率	实际浓度	Δp_1	Δp_2	Δp_3		
去离子水							
1							
2							
3							
4							
5							
6							
7							
8							

⑤ 用 $\dfrac{c}{\Gamma}$-c 作图，应有一条直线，由直线斜率求出 Γ_∞。

⑥ 计算乙醇分子的横截面积 S_0。

七、思考讨论

① 实验时，为什么毛细管口应处于刚好接触溶液表面的位置？如插入一定深度会对实验带来什么影响？

② 在毛细管口所形成的气泡什么时候其半径最小？毛细管半径太大或太小对实验有什么影响？

③ 为什么要求从毛细管中逸出的气泡必须均匀而间断？如何控制出泡速度？

八、参考文献

[1] 北京大学化学系物理化学教研室. 物理化学实验. 第 3 版. 北京：北京大学出版社，1995，181.
[2] 孙尔康，徐维清，邱金恒. 物理化学实验. 南京：南京大学出版社，1998，87.
[3] 于军生，唐季安. 表（界）面张力测定方法进展. 化学通报，1997，11：11.
[4] 童枯嵩. 关于 Gibbs 吸附等温式的推导. 化学通报，1984，8：36.
[5] 郭瑞. 表面张力测量方法综述. 计量与测试技术，2009，36（4）：62-64.
[6] 闫华，金燕仙，钟爱国，等. 溶液表面张力测定的实验数据处理分析与改进. 实验技术与管理，2009，5：44.
[7] 贡雪东，张常山，王大言，等. 最大气泡法测液体表面张力的改进. 大学化学，2004，19（5）：37-38.

实验十六 电导法测定水溶性表面活性剂的临界胶束浓度

一、预习要求

1. 了解表面活性剂的特性及分类；
2. 了解表面活性剂的一些重要作用及其应用；
3. 通读实验原理，标注不易理解的内容；
4. 了解实验步骤及数据的记录与处理；
5. 完成预习报告。

二、实验目的

1. 了解表面活性剂的分类、特性以及胶束形成原理；
2. 使用电导法测定十二烷基硫酸钠的临界胶束浓度；
3. 了解测定表面活性剂临界胶束浓度的意义。

三、实验原理

具有明显"两亲"性的分子组成的物质称为表面活性剂，如生活中常见的肥皂及各种合成洗涤剂等。通常其主要结构包括：亲油烃基（通常其碳链有大于 10～12 个碳原子），亲水的极性基团（离子化），按离子的类型分类，可分为三大类：

① 阴离子型表面活性剂 如羧酸盐（肥皂，$C_{17}H_{35}COONa$）、烷基硫酸盐［十二烷基硫酸钠，$CH_3(CH_2)_{11}SO_4Na$］、烷基磺酸盐［十二烷基苯磺酸钠，$CH_3(CH_2)_{11}C_6H_5SO_3Na$］等；

② 阳离子型表面活性剂 主要是胺盐，如十二烷基二甲基叔胺［$RN(CH_3)_2HCl$］和十二烷基二甲基氯化铵［$RN(CH_3)_2Cl$］；

③ 非离子型表面活性剂 在水溶液中不产生离子的表面活性剂，如非离子聚丙烯酰胺类。

表面活性剂进入水中，在低浓度时呈分子状态，并且三三两两互相把亲油基团聚拢而分散在水中。当溶液浓度加大到一定程度时，许多表面活性物质的分子立刻结合成很大的基团，形成"胶束"。以胶束形式存在于水中的表面活性物质是比较稳定的。表面活性物质在水中形成胶束所需的最低浓度称为临界胶束浓度，以 CMC（critical micelle concentration）表示。通常，表面活性剂在 CMC 点上形成的胶束为球形，由于此时溶液的结构发生改变，导致其物理性质及化学性质（如表面张力、电导率、渗透压、浊度、光学性质等）与浓度的关系出现明显转折，如图 5-5 所示。因此，此现象也是判断 CMC 数值的重要依据。而在溶液浓度达到 CMC 的 10 倍或更高时，胶束可变为椭球、扁球形或棒状，甚至形成层状胶束，见图 5-6。

如图 5-7 所示，当表面活性剂溶于水中后，不但定向地吸附在溶液表面，而且达到一定浓度时还会在溶液中发生定向排列而形成胶束。表面活性剂为了使自己成为溶液中的稳定分子，有可能采取的两种途径：一是把亲水基留在水中，亲油基伸向油相或空气；二是让表面活性剂的亲油基相互靠在一起，以减少亲油基与水的接触面积。前者就是表面活性剂分子吸附在表面上，其结果是降低表面张力，形成定向排列的单分子膜，后者就形成了胶束。由于胶束的亲水基方向朝外，与水分子相互吸引，使表面活性剂能稳定溶于水中。

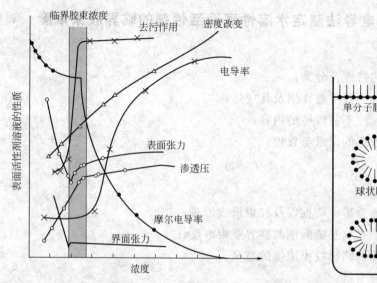
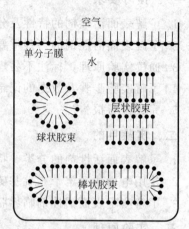

图 5-5　表面活性剂主要物理、化学性质随溶液浓度的变化　　　图 5-6　不同条件下形成的胶束形貌

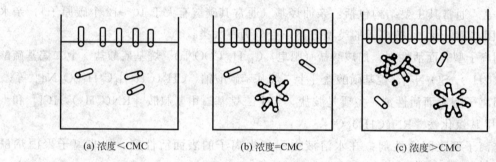

图 5-7　CMC 前后胶束的变化规律

本实验利用 DDS-11A 型电导仪测定不同浓度的十二烷基硫酸钠水溶液的电导率,并完成电导率与溶液浓度的关系图,从图中的转折点求得临界胶束浓度的大小。

四、仪器与试剂

仪器:DDS-11A 数字式电导仪;电导电极;恒温水浴;容量瓶(100mL);小试管;移液管。

试剂:十二烷基硫酸钠($C_{12}H_{25}SO_4Na$,A.R);蒸馏水。

五、实验步骤

① 调节恒温水浴温度至 25℃(若室温偏高,则可选择实验温度为 35℃)。

② 预热电导率仪并进行调节(调节方法见实验九备注部分)。

③ 取已经过预处理(在 80℃烘干 3h)的十二烷基硫酸钠,用重蒸馏水准确配制 0.020 mol·L^{-1} 的十二烷基硫酸钠溶液 100mL 作为基础液。

④ 用重蒸馏水将基础液依次稀释成 0.002mol·L^{-1},0.004mol·L^{-1},0.006mol·L^{-1},0.007mol·L^{-1},0.008mol·L^{-1},0.009mol·L^{-1},0.010mol·L^{-1},0.012mol·L^{-1},0.014mol·L^{-1},0.016mol·L^{-1},0.018mol·L^{-1},0.020mol·L^{-1} 的溶液各 10mL,放置于贴有标签的小试管内。

⑤ 用 DDS-11A 型数字式电导仪从稀到浓分别测定上述各溶液的电导率。各溶液测定时必须恒温 10min，每个溶液测定 3 次，取平均值。

⑥ 列表记录各溶液对应的电导率数值。

六、实验数据记录及处理

① 将实验数据填入表 5-2 中。

表 5-2　实验数据记录

浓度/mol·L^{-1}	κ_1	κ_2	κ_3	κ 平均值
0.002				
0.004				
0.006				
0.008				
0.009				
0.010				
0.012				
…				

② 绘制电导率与溶液浓度的关系曲线，并从曲线两条直线的转折点处找出对应浓度，即临界胶束浓度。

参考文献值：40℃时，$C_{12}H_{25}SO_4Na$ 的 CMC 为 8.7×10^{-3} mol·dm^{-3}。

七、思考讨论

① 溶液的表面活性剂分子与胶束之间的平衡同温度和浓度有关，其关系式可表示为：

$$\frac{\mathrm{d}\ln c_{\mathrm{CMC}}}{\mathrm{d}T} = \frac{-\Delta H}{2RT^2}$$

试问如何测出其热效应 ΔH 值？

② 在电导法测定水溶性表面活性剂的临界胶束浓度实验中，若要知道所测得的临界胶束浓度是否准确，可用什么实验方法验证它？

③ 电导法测定临界胶束浓度对非离子型表面活性剂是否适用？为什么？

八、参考文献

[1] 赵国玺, 朱垶瑶. 表面活性剂作用原理. 北京：中国轻工业出版社, 2003.
[2] 陈晓波, 龚良发. 电导测定十二烷基苯磺酸钠的临界胶束浓度. 吉林林学院学报, 1998, 14 (3): 167-169.
[3] 赵喆, 王齐放. 表面活性剂临界胶束浓度测定方法的研究进展. 实用药物与临床, 2010, 13 (2): 140-144.
[4] 王岩, 王晶, 卢方正, 等. 十二烷基硫酸钠临界胶束浓度测定实验的探讨. 实验室科学, 2012, 03: 76-78.
[5] 舒梦, 陈萍华, 蒋华麟, 等. 十二烷基硫酸钠的临界胶束浓度的测定及影响分析. 化工时刊, 2014, 03.

实验十七 黏度法测定水溶性高聚物的平均摩尔质量

一、预习要求
1. 了解大分子溶液的性质及其平均摩尔质量；
2. 了解聚合物平均摩尔质量的测定方法；
3. 通读实验原理，标注不易理解的内容；
4. 了解实验步骤及数据的记录与处理；
5. 完成预习报告。

二、实验目的
1. 测定聚乙烯醇的平均摩尔质量；
2. 掌握毛细管法测定黏度的方法。

三、实验原理

在高聚物的研究中，高聚物的平均摩尔质量是一个不可缺少的重要数据。它不仅反映了高聚物摩尔质量的大小，而且直接关系到高聚物的物理性能，如高分子链的柔顺性、支化高分子的支化程度等。但是，聚合物的摩尔质量是一个平均值，它与低分子不同：低分子的摩尔质量是一个确定值，摩尔质量均一且比较小；而高分子比低分子的摩尔质量要大几个数量级，一般在 $10^3 \sim 10^7$ 之间，高分子的摩尔质量是不均一、多分散（除几种蛋白质分子外）的。因此，我们通常测定的高聚物的摩尔质量是一个平均值。

测定高聚物平均摩尔质量的方法很多，黏度法是目前最常用的方法之一，原因在于设备简单、操作便利、耗时少、精确度高。

黏度是指液体对流动所表现的阻力。这种阻力对抗液体中邻接部分的相对移动，因此，可以看成是一种内摩擦力。当相距为 ds 的两个液层以不同的速率平稳流动时，维持一定流速所需的力 f' 与液层的接触面积 A 以及流速梯度 $\dfrac{du}{ds}$ 成正比：

$$f' = \eta A \frac{du}{ds} \tag{5-8}$$

式中，A 为液层的接触面积；$\dfrac{du}{ds}$ 是相距 ds 的两个液层分别移动时而产生的流速梯度。则单位面积的液体黏滞阻力：

$$f = \frac{f'}{A} = \eta \frac{du}{ds} \tag{5-9}$$

式(5-9)即为牛顿黏度定律表达式。其比例系数 η，称为黏度系数，简称黏度，单位为 Pa·s。

高聚物稀溶液的黏度主要反映的是高聚物在流动过程中所存在的内摩擦。这种流动过程中的内摩擦主要有：
① 溶剂分子间的内摩擦，又称纯溶剂的黏度，用 η_0 表示；
② 高聚物与溶剂分子间的内摩擦；
③ 高聚物分子间的内摩擦。

以上三种内摩擦的总和称为黏度，用 η 表示。

实验证明，同一温度下，高聚物溶液的黏度 η 一般比纯溶剂的黏度 η_0 大，即 $\eta > \eta_0$。将 η 和 η_0 用如下几种方式组合，可以得到黏度的几种表示方法，见表 5-3。

表 5-3 黏度的几种表示方法

黏度名称	定义	含义
溶液黏度	η	溶液内摩擦的总和
溶剂黏度	η_0	溶剂分子间的内摩擦
相对黏度	$\eta_r = \dfrac{\eta}{\eta_0}$	溶液黏度与纯溶剂黏度的比值，反映的是整个溶液黏度的行为
增比黏度	$\eta_{sp} = \dfrac{\eta - \eta_0}{\eta_0} = \dfrac{\eta}{\eta_0} - 1 = \eta_r - 1$	除去溶剂分子间的内摩擦后，剩余两种内摩擦效应
比浓黏度	$\dfrac{\eta_{sp}}{c}$	反映单位浓度下的黏度
比浓对数黏度	$\dfrac{\ln \eta_r}{c}$	
特性黏度	$[\eta] = \lim\limits_{c \to 0} \dfrac{\eta_{sp}}{c}$	无限稀释条件下，高聚物分子与溶剂分子间的内摩擦

令 $\eta_r = \dfrac{\eta}{\eta_0}$，$\eta_r$ 为相对黏度，是溶液黏度与溶剂黏度的比值，反映的是整个溶液黏度的行为。

相对于溶剂，其溶液黏度增加的分数，称为增比黏度，以 η_{sp} 表示，即：

$$\eta_{sp} = \frac{\eta - \eta_0}{\eta_0} = \frac{\eta}{\eta_0} - 1 = \eta_r - 1 \tag{5-10}$$

η_{sp} 反映的是除去溶剂分子间的内摩擦后，仅仅就是溶剂分子与高聚物分子间、高聚物分子间的内摩擦。

显然，高聚物溶液浓度的变化，直接影响着 η_r 和 η_{sp} 的大小，高聚物浓度增加，溶液的 η 增加，则 η_{sp} 增加。为了便于比较，因此引入比浓黏度 $\dfrac{\eta_{sp}}{c}$

$$\frac{\eta_{sp}}{c} = \frac{1}{c}\left(\frac{\eta - \eta_0}{\eta_0}\right) = \frac{1}{c}(\eta_r - 1) \tag{5-11}$$

比浓黏度反映的是单位浓度下所表现出的增比黏度。又定义 $\dfrac{\ln \eta_r}{c}$ 为比浓对数黏度。$\dfrac{\eta_{sp}}{c}$、$\dfrac{\ln \eta_r}{c}$ 的单位均是由 c 的单位而定的，通常采用 $g \cdot mL^{-1}$。

为了进一步消除高聚物分子间内摩擦的作用，必须将溶液无限稀释，使得高聚物分子间相隔很远，彼此间的相互作用可忽略不计。这时溶液所表现出的黏度行为基本上反映的是高聚分子与溶剂分子之间的内摩擦。即：

$$\lim_{c \to 0} \frac{\eta_{sp}}{c} = [\eta] \tag{5-12}$$

式中，$[\eta]$ 为高聚物溶液的特性黏度。

实验证明，当聚合物、溶剂、温度确定后，特性黏度 $[\eta]$ 只与高聚物的平均摩尔质量

的平均值 $\overline{M}$ 有关，它们之间的半经验关系可用 Mark Houwink 非线性方程表示：

$$[\eta] = k \overline{M}^a \tag{5-13}$$

式中，k 为比例系数；a 为经验常数，与分子形状有关。25℃时，本实验中所用聚乙烯醇的 $k = 2 \times 10^{-2} \text{cm}^3 \cdot \text{g}^{-1}$，$a = 0.76$。

由此可看出，测量高聚物平均摩尔质量，最后就归结为特性黏度 $[\eta]$ 的测定。

测定高聚物特性黏度 $[\eta]$ 时，用毛细管黏度计最为方便。当液体在毛细管黏度计内因重力作用而流出时遵守泊肃叶（Poiseuille）定律：

$$\frac{\eta}{\rho} = \frac{\pi h g r^4 t}{8lV} - m \frac{V}{8\pi lt} \tag{5-14}$$

$$h = \frac{1}{2}(h_1 + h_2)$$

式中，ρ 为液体密度；r 是毛细管半径；l 是毛细管长度；t 为流出时间；g 是重力加速度；V 为流经毛细管液体的体积；h 为回流毛细管液体的平均液柱高度；m 是与仪器的几何形状有关的常数，$\frac{r}{l} \ll 1$ 时 $m = 1$。

对一个指定的黏度计来说，令 $\alpha = \frac{\pi h g r^4}{8lV}$，$\beta = \frac{mV}{8\pi l}$，则 $\frac{\eta}{\rho} = \alpha t - \frac{\beta}{t}$，其中 $\beta < 1$，当 $t > 100\text{s}$ 时，$\frac{\beta}{t}$ 可忽略，则 $\frac{\eta}{\rho} = \alpha t$。

由于测定是在高聚物的稀溶液中进行，因此 $\rho_{溶液} \approx \rho_{溶剂}$，溶液的相对黏度可表示为：

$$\eta_r = \frac{\eta}{\eta_0} = \frac{\rho \alpha t}{\rho_0 \alpha t_0} = \frac{t}{t_0} \tag{5-15}$$

配制一系列不同浓度的溶液，分别测定各浓度下溶液的相对黏度 η_r，由此计算 η_{sp}，$\frac{\eta_{sp}}{c}$，$\frac{\ln \eta_r}{c}$。根据在稀溶液中：

$$\frac{\eta_{sp}}{c} = [\eta] + k[\eta]^2 c \tag{5-16}$$

$$\frac{\ln \eta_r}{c} = [\eta] - \beta[\eta]^2 c \tag{5-17}$$

以 $\frac{\eta_{sp}}{c}$ 和 $\frac{\ln \eta_r}{c}$ 为纵坐标，c 为横坐标得两直线，分别外推到 $c = 0$ 处，截距为特性黏度 $[\eta]$，由 $[\eta] = k \overline{M}^a$，即可计算出 $\overline{M}$。

四、仪器与试剂

仪器：乌氏黏度计；移液管；恒温水浴；洗耳球；秒表。

试剂：聚乙烯醇（A.R）；蒸馏水。

五、实验步骤

① 配制高聚物溶液（聚乙烯醇溶液）。

② 安装乌氏黏度计 毛细管黏度计有乌氏和奥氏两种。本实验选用乌氏黏度计，仪器结构示意图如图 5-8 所示。黏度计必须洁净，否则由于局部产生堵塞现象，影响溶液在毛细管中的流速而导致大的误差。

把黏度计垂直放入恒温槽中,在 B 管和 C 管上安装相应长度的乳胶管,使 G 球完全浸没在水中,放置要合适,便于观察液体的流动情况。

③ 调节恒温槽至（25±0.05）℃ 温度波动直接影响溶液黏度的测定,国家规定黏度法测定分子量的恒温槽温度波动是±0.05℃。

④ 溶液流出时间 t 的测定 移液管准确量取 10.00mL 已知浓度的聚乙烯醇溶液,加入到 A 管中,恒温 10min。恒温后将 C 管上的乳胶管用夹子夹紧,使不漏气,且不通大气。用洗耳球由 B 管将溶液从 F 球经 D 球,经毛细管、E 球,抽至 G 球中部（但不能高出恒温槽水面）。取下洗耳球,同时松开 C 管上的夹子,使其通大气,此时液体由 D 球流回到 F 球,使毛细管中及其以上液体悬空。此时待测液顺毛细管而流下,液面流经 a 线处,立刻按秒表开始计时,液面至 b 线处停止计时。记录液体流经 a、b 刻度线之间所需的时间,重复测定三次,偏差应小于 0.3s,并取平均值。

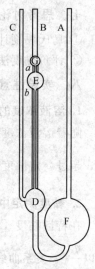

图 5-8 乌氏黏度计

然后依次由 A 管分别加入 5mL、5mL、5mL、10mL 已恒温好的蒸馏水,用洗耳球把溶液反复抽吸至 G 球内几次,使混合均匀。恒温下测定各样品的流出时间,每个浓度重复测定三次,偏差应小于 0.3s,并取平均值。

由于聚乙烯醇是一种起泡剂,搅拌抽吸混合时容易起泡,不易混合均匀,溶液中分散的微小气泡容易局部堵塞毛细管,故要注意抽吸速度,同时不要让溶液溅到管壁上。

⑤ 溶剂流出时间 t_0 的测定 取出黏度计,用蒸馏水充分洗涤,同上安装好黏度计,用移液管移取 10.0mL 蒸馏水,小心地加入黏度计中,恒温下,同上测定 t_0,重复测定三次,偏差应小于 0.3s,并取平均值。

六、实验数据记录及处理

① 数据记录在表 5-4 中。

表 5-4 实验数据记录

项目		流出时间				η_r	η_{sp}	$\dfrac{\eta_{sp}}{c}$	$\ln\eta_r$	$\dfrac{\ln\eta_r}{c}$
		测量值			平均值					
		1	2	3						
溶剂										
溶液	c_1									
	c_2									
	c_3									
	c_4									
	c_5									
	c_6									

② 作 $\dfrac{\eta_{sp}}{c}$-c 图,作 $\dfrac{\ln\eta_r}{c}$-c 图,外推至 $c=0$ 处,截距=$[\eta]$。

③ 由 $[\eta]=k\overline{M}^a$,求出聚乙烯醇的平均摩尔质量。

七、思考讨论

① 乌氏黏度计中的支管 C 有什么作用？除去支管 C 是否仍可以测黏度？

② 评价黏度法测定高聚物平均摩尔质量的优缺点，指出影响准确测定结果的因素。

八、实验注意事项

1. 溶液浓度的选择

随着溶液浓度的增大，聚合物分子链之间的距离逐渐减小，因而分子链间作用力增大。当 c 超过一定限度时，$\frac{\eta_{sp}}{c}$-c，$\frac{\ln\eta_r}{c}$-c 不成线性关系。因此，选用 $\eta_r=1.2\sim2.0$ 范围。

2. 黏度测定中出现异常现象

在特性黏度 $[\eta]$ 的测定过程中，有时并非操作不慎而出现如下几种异常现象，此时，则以 $\frac{\eta_{sp}}{c}$-c 关系曲线的截距为准（图 5-9）。

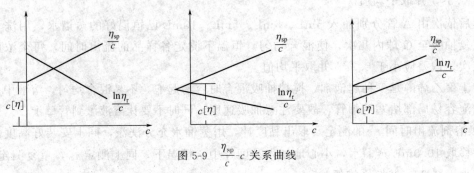

图 5-9 $\frac{\eta_{sp}}{c}$-c 关系曲线

九、备注

如果溶液足够稀，在实验数据处理过程中，可用真实浓度 c 与起始浓度 c_0 比值所得的相对浓度 $c'\left(c'=\frac{c}{c_0}\right)$，作 $\frac{\eta_{sp}}{c'}$-c' 和 $\frac{\ln\eta_r}{c'}$-c' 两条直线，外推至 $c'=0$ 处，根据所得直线截距，得到特性黏度 $[\eta]=\frac{截距}{c_0}$。

十、参考文献

[1] 杨锐，孙彦璞. 基础化学实验Ⅱ（物理化学模块）. 宁夏人民教育出版社，2008.

[2] 复旦大学，等. 物理化学实验. 第3版. 北京：高等教育出版社，2004.

[3] 北京大学化学学院物理化学实验教学组. 物理化学实验. 第4版. 北京：北京大学出版社，2002.

[4] 张立庆，等. 物理化学实验. 第3版. 杭州：浙江大学出版社，2014.

[5] 孙艳辉，何广平，马国正，等. 物理化学实用手册. 北京：化学工业出版社，2016.

[6] 罗澄源，等. 物理化学实验. 第3版. 北京：高等教育出版社，1989.

[7] 梁燕，吕桂琴，张军，等. 高分子溶液特性黏度测定的新方法. 化学学报，2007，65(9)：853-859.

[8] 项尚林，余人同，王庭慰，等. 黏度法测定高聚物分子量实验的改进. 实验科学与技术，2009，7(5)：37-38.

第六章

物质结构实验

实验十八 配合物的磁化率测定

一、预习要求

1. 了解物质磁性的相关知识；
2. 了解配合物的配键类型；
3. 通读实验原理，标注不易理解的内容；
4. 了解实验步骤及数据的记录与处理；
5. 完成预习报告。

二、实验目的

1. 测定配合物的摩尔磁化率，推算未成对电子数，判断分子配键类型；
2. 掌握古埃（Gouy）法测定磁化率的原理和方法。

三、实验原理

物质在外加磁场（磁感应强度为 H）作用下被磁化而感应出一个附加磁场 H'，此时物质内部的磁感应强度 B 为两者之和，即：

$$B = H + H' = H + 4\pi\chi H \tag{6-1}$$

可得：

$$H' = 4\pi\chi H \tag{6-2}$$

式中，χ 为体积磁化率，表示单位体积内磁场的强度。

由于磁场具有方向性，根据外加磁场 H 与产生的附加磁场 H' 的方向可将物质分类：H 与 H' 同向，即 $\chi > 0$ 的物质称为顺磁性物质；H 与 H' 反向，即 $\chi < 0$ 的物质称为反磁性物质。另有少数物质的 χ 值与外磁场 H 有关，随外磁场强度的增加而急剧增强，当外磁场消失后，这种物质的磁性并不消失，呈现出滞后现象。这类物质称为铁磁性物质，如铁、钴、镍等。

磁感应强度的常用单位为高斯（G），它与国际单位制中的特斯拉（T）的关系是：

$$1T = 10000G$$

与磁感应强度不同，磁场强度是反映外磁场性质的物理量，与物质的磁化学性质无关。磁场强度的常用单位为奥斯特（Oe）。

化学中常用质量磁化率 χ_m 或摩尔磁化率 χ_M 来表示物质的磁性质，定义为：

$$\chi_m = \frac{\chi}{\rho} \tag{6-3}$$

$$\chi_M = M\chi_m = M\frac{\chi}{\rho} \tag{6-4}$$

式中，ρ 为物质的密度，$g \cdot cm^{-3}$；M 为摩尔质量；χ_m 为质量磁化率，$cm^3 \cdot g^{-1}$；χ_M 为摩尔磁化率，$cm^3 \cdot mol^{-1}$。

物质的磁性与组成物质的原子、离子、分子的性质有关。原子、离子、分子中电子自旋已配对的物质一般是反磁性物质，凡是分子中具有自旋未成对电子的物质都是顺磁性物质。磁化率是宏观性质，分子磁矩是物质的微观性质，假定顺磁性物质所具有的摩尔顺磁化率 $\chi_{顺}$ 与分子永久磁矩 μ_m 的关系一般服从居里定律：

$$\chi_M = \chi_{顺} = \frac{L\mu_m^2}{3kT} = \frac{C}{T} \tag{6-5}$$

式中，L 为阿伏伽德罗常数；k 为玻尔兹曼常数；T 为热力学温度；C 为居里常数。

式(6-5)将物质的宏观性质摩尔磁化率（χ_M）与物质的微观性质分子永久磁矩（μ_m）联系起来，因此可通过实验测定 χ_M 来计算物质分子的永久磁矩 μ_m，物质的永久磁矩 μ_m 和它所含有未成对电子数 n 的关系为：

$$\mu_m = \mu_B\sqrt{n(n+2)} \tag{6-6}$$

$$\mu_B = \frac{eh}{4\pi m_e C} = 9.274 \times 10^{-24} A \cdot m^2 (J \cdot T^{-1})$$

式中，μ_B 是玻尔磁子，$J \cdot T^{-1}$。其物理意义是单个自由电子自旋所产生的磁矩。

由磁化率的测定来计算分子或离子中未成对电子数，这对研究自由基和顺磁性分子的结构、过渡元素的价态和配位场理论有着广泛的应用。

例如，Fe^{2+} 在自由离子状态下的外层电子结构为 $3d^6 4s^0 4p^0$，外层含有 6 的 d 电子，它可能有两种配位结构：当 Fe^{2+} 未成对电子数为 4 ［图 6-1(a)］，$\mu_m = \mu_B\sqrt{n(n+2)} = 4.9\mu_B$，$Fe^{2+}$ 未成对电子数为 0 时 ［图 6-1(b)］，$\mu_m = 0$。在图 6-1(a) 中，Fe^{2+} 有 4 个 sp^3 轨道可容纳 4 个配位体，它的配位数为 4，但在图 6-1(b) 中，它可有 6 个 d^2sp^3 杂化轨道，能形成 6 个配位体。由于 $[Fe(CN)_6]^{4-}$ 和 $[Fe(CN)_6] \cdot (NH_3)^{3-}$ 等络离子的磁矩为 0，可知道它们都是共价络离子。但对于 $[Fe(H_2O)_6]^{2+}$，磁矩为 $5.3\mu_B$，所以其中心离子是图 6-1(a) 结构，配位体与 Fe^{2+} 是电价配位键，这是由于 H_2O 有相当大的偶极矩，能与中心 Fe^{2+} 以库仑静电引力相结合而成电价配位键，电价配位键不需中心离子腾出空的轨道，即中心离子与

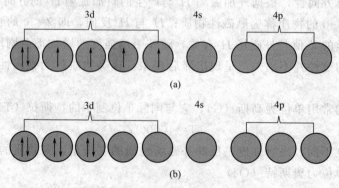

图 6-1 Fe^{2+} 外层电子排布图

配位体以电价配位键结合的数目与空轨道无关，而是取决于中心离子与配位体的相对大小和中心离子所带的电荷。

本实验采用古埃磁天平法测定物质的磁化率，其工作原理示意图如图 6-2 所示。

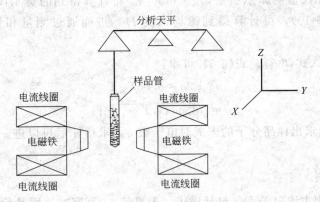

图 6-2 古埃磁天平工作原理示意图

将装有样品的硬质玻璃试管悬挂在天平的一端，样品的底部处于两磁极中心，如图 6-2 所示，即磁场强度最强处 H，样品顶部处于不超出磁场强度为 0 处，此时样品处于一不均匀的磁场中，设样品管的截面积为 A，装入样品的高度为 h，体积为 Ah 的样品在非均匀磁场中所受到的作用力 dF 为：

$$dF \propto \chi H A h \times \frac{dH}{dh} \tag{6-7}$$

式中，$\frac{dH}{dh}$ 为磁场强度的变化梯度。对于顺磁性物质，作用力指向磁场强度最大的方向；反磁性物质则指向磁场强度最弱的方向，当不考虑样品周围介质（如空气，其磁化率很小）和 H_0 的影响时，整个样品所受到的力为：

$$F = \int_{H=H}^{H=0} \chi H A \times \frac{\partial H}{\partial h} \times dh = \frac{1}{2} \chi H^2 A \tag{6-8}$$

样品受磁场的力的大小可从样品管装样后，在无磁场与加磁场的读数算得，设 Δm 为施加磁场前后的质量差，则：

$$F = \frac{1}{2} \chi H^2 A = \Delta m g = g(\Delta m_{\text{空管}+\text{样品}} - \Delta m_{\text{空管}}) \tag{6-9}$$

其中 $\Delta m_{\text{空管}+\text{样品}} = m_{\text{空管}+\text{样品}}$（有磁场）$- m_{\text{空管}+\text{样品}}$（无磁场），$\Delta m_{\text{空管}} = m_{\text{空管}}$（有磁场）$- m_{\text{空管}}$（无磁场）。

由于 $\chi_M = M\chi_m = M\frac{\chi}{\rho}$，$\rho = \frac{m}{hA}$，代入式(6-9) 整理得：

$$\chi_M = \frac{2(\Delta m_{\text{空管}+\text{样品}} - \Delta m_{\text{空管}}) \times ghM}{mH^2} \tag{6-10}$$

式中，h 为样品高度，cm；g 为重力加速度，$g = 980 \text{cm} \cdot \text{s}^{-2}$；$m$ 为样品质量，g；H 为磁场强度，G；M 为样品的摩尔质量，$g \cdot mol^{-1}$。磁场强度 H 可用测磁仪器（高斯计）测量，也可用已知磁化率的标准样品间接标定。

本实验采用莫尔氏盐进行标定，其 χ_M 与温度的关系为：

$$\chi_M = \frac{9500}{T+1} \times M \times 10^{-6} \tag{6-11}$$

式中，M 为莫尔氏盐的摩尔质量，$g \cdot mol^{-1}$。将计算得到的莫尔氏盐的 χ_M 及测量得到的其他量代入式(6-10)，可计算得到磁场强度 H，进而通过测量和计算得到待测样品的 χ_M。

把样品的 χ_M 代入式(6-5)、式(6-6)可得：

$$n^2 + 2n = 8.06 \chi_M T$$

则

$$n = \sqrt{8.06 \chi_M T + 1} - 1 \tag{6-12}$$

根据上式可直接求出样品分子的未成对电子数 n，求得 n 后可以进一步判断有关配合物分子的配位键类型。

四、仪器与试剂

仪器：CTP-Ⅱ型古埃磁天平（包括磁极、天平等）；平底玻璃样品管；装样工具（包括研钵、小漏斗、玻璃棒等）；直尺。

试剂：莫尔氏盐 $(NH_4)_2SO_4 \cdot FeSO_4 \cdot 6H_2O$；亚铁氰化钾 $K_4[Fe(CN)_6] \cdot 3H_2O$；硫酸亚铁 $FeSO_4 \cdot 7H_2O$；硫酸铜 $CuSO_4 \cdot 5H_2O$。以上试剂均为 A.R.。

五、实验步骤

1. 磁极中心磁场强度 $H_{标}$ 的测定

① 取一支清洁、干燥的空样品管，悬挂在天平下穿孔引线的钩线上，选择好两磁极的磁间距后，将样品管分别放置在非磁场、磁场中，分别准确称量空样品管为 $m_{空管}$（$H=0$）、$m_{空管}$（$H=H_{标}$）。

② 用莫尔氏盐标定磁极中心磁场强度 $H_{标}$。取下样品管，通过小漏斗装入在研钵中已研细并干燥的莫尔氏盐（在装填时要不断敲击样品管底部木垫，边装边用玻璃棒压紧，使样品粉末均匀填实、上下一致），直到样品高度约10cm为宜。用直尺准确测量样品高度 h（精确到毫米），然后悬挂在天平一端的挂钩上，将装有样品的样品管分别放置在非磁场、磁场中，分别准确称量其质量为 $m_{空管+莫尔盐}$（$H=0$）、$m_{空管+莫尔盐}$（$H=H_{标}$），利用式(6-10)可得

$$H^2 = \frac{2(\Delta m_{空管+莫尔盐} - \Delta m_{空管}) g h_{莫尔盐} M_{莫尔盐}}{m_{莫尔盐} \chi_{莫尔盐}} \tag{6-13}$$

2. 样品摩尔磁化率 χ_M 的测定

保持两磁极磁间距不变（H 不变）的条件下，按照磁场强度 $H_{标}$ 测定的步骤②的相同方法在同一样品管中分别测定亚铁氰化钾、硫酸亚铁和硫酸铜的磁化率，结合磁场强度 $H_{标}$ 测定的步骤②的公式可得：

$$\chi_M = \frac{(\Delta m_{空管+样品} - \Delta m_{空管}) h_{样品} M_{样品} \chi_{莫尔盐} m_{莫尔盐}}{(\Delta m_{空管+莫尔盐} - \Delta m_{空管}) m_{样品} h_{莫尔盐} M_{莫尔盐}} \tag{6-14}$$

分别计算得到各样品的 χ_M。

六、实验数据记录及处理

① 把测量的数据、计算的结果列在表 6-1 中。

表 6-1　实验数据记录

待测项＼结果＼样品名称	空管	莫尔氏盐	硫酸铜	硫酸亚铁	亚铁氰化钾
$0_1(H=0)$					
$H_1(H=H_标)$					
$H_2(H=H_标)$					
$0_2(H=0)$					
样品高度/cm					
样品摩尔质量 M					
样品质量 m/g					
$\Delta m_{空管}$/g					
$\Delta m_{空管+样品}$/g					

② 计算亚铁氰化钾、硫酸亚铁、硫酸铜的 χ_M、μ_m 及 n（若为反磁性物质，$\mu_m=0$，$n=0$）。

七、思考讨论

① 讨论亚铁氰化钾和硫酸亚铁中 Fe^{2+} 的最外层电子结构和由此构成的配位键类型。
② 简述用古埃磁天平法测定磁化率的基本原理。
③ 本实验中样品装填高度对实验有何影响？
④ 从摩尔磁化率如何计算分子内未成对电子数及判断其配位键类型？

八、实验注意事项

① 在测定每个样品时均应读取当时的环境温度和样品高度。
② 调整样品管的位置，注意不要与周围有接触，并且处于两磁极的中间，可适当调整磁极。
③ 待样品管稳定后，再打开天平。

九、仪器的结构及使用

① CTP-Ⅱ型古埃磁天平结构　如图 6-3 所示，CTP-Ⅱ型古埃磁天平是由电磁铁、稳流电源、数字式毫特斯拉计、照明装置等构成。

仪器的磁场：由电磁铁构成，磁极材料用软铁，在励磁线圈中无电流时，剩磁最小。磁极端为双截锥的圆锥体，磁极的端面须平滑均匀，使磁极中心磁场强度尽可能相同。磁极间的距离连续可调，便于实验操作。

② CTP-Ⅱ型毫特斯拉计使用说明　CTP-Ⅱ型毫特斯拉计和电流显示为数字式，同装在一块面板上，面板结构如图 6-4 所示。

③ 仪器操作步骤

a. 将特斯拉计的探头放入磁铁的中心架上，套上保护套，按"采零"键使特斯拉计的数字显示为"000.0"。

b. 除下保护套，把探头平面垂直置于磁场两极中心，打开电源，先按两下励磁电流"粗调"键，再调节"励磁电流细调"旋钮，使电流增大至特斯拉计上显示约"300" mT，调节探头上下、左右位置，观察数字显示值，把探头位置调节至显示值为最大的位置，此乃探头最佳位置，用探头沿此位置的垂直线，测定离磁铁中心 $H_0=0$ 处的高度，这也就是样

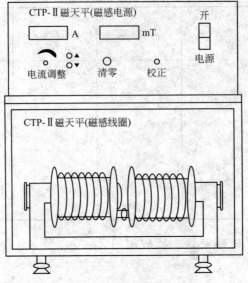

图 6-3 CTP-Ⅱ型古埃磁天平结构图

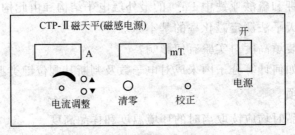

图 6-4 CTP-Ⅱ型毫特斯拉计操作箱面板图

品管内应装样品的高度。关闭电源前应调节励磁电流,使特斯拉计数字显示为零。

c. 用莫尔氏盐标定磁场强度,取一支清洁干燥的空样品管悬挂在磁天平的挂钩上,使样品管正好与磁极中心线平齐(样品管不可与磁极接触,并与探头有合适的距离)。准确称取空样品管质量($H=0$),得 m_1(H_0);调节励磁电流,使特斯拉计显示为"300" mT(H_1),迅速称量,得 m_1(H_1),逐渐增大电流,使特斯拉计显示为"350" mT(H_2),稍后将电流降至显示为"300" mT(H_1)时,再称量得 m_2(H_1),再缓慢降至电流显示为"000.0" mT(H_0),又称取空管质量得 m_2(H_0)。这样调节电流由小到大,再由大到小的测定方法是为了抵消实验时磁场剩磁现象的影响。

d. 取下样品管用小漏斗装入事先研细并干燥过的莫尔氏盐,并不断将样品管底部在软垫上轻轻碰击,使样品均匀填实,直至所要求的高度(用尺准确测量),按前述方法将装有莫尔氏盐的样品管置于磁天平上称量,重复称空管时的操作。

e. 同一样品管中,同法分别测定不同样品。

f. 测定后的样品均要倒回试剂瓶,可重复使用。

④ 维护注意事项

a. 磁天平总机架必须放在水平位置,分析天平应作水平调整。

b. 吊绳和样品管必须与它物相距至少 3mm 以上。

c. 励磁电流的变化应平稳、缓慢,调节电流时不宜用力过大。

d. 测试样品时，应关闭仪器玻璃门，避免环境对整机的振动，否则实验数据误差较大。

⑤ 霍尔探头两边的有机玻璃螺钉可使其调节到最佳位置。

在某一励磁电流下，打开特斯拉计，然后稍微转动探头使特斯拉计读数在最大值，即为最佳位置。将有机玻璃螺钉拧紧。如发现特斯拉计读数为负值，只需将探头转动180°即可。

⑥ 在测试完毕之后，请务必将电流调节旋钮左旋至最小（显示为"0000"），然后方可关机。

⑦ 每台磁天平均附有出厂编号，此号码与相配的传感器编号相同，使用时请核对。

十、参考文献

[1] 王力峰，梁军，宋伟明，等. 络合物磁化率测定方法研究. 宁夏工程技术，2008，7（4）：344-346.

[2] 施巧芳，范国康，陈铭，等. 电子天平替代分析天平在磁化率测定中的应用. 教育教学论坛，2017，(5)：261-262.

[3] 师唯，徐娜，王庆伦，等. 过渡金属配合物磁化率的测定与分析. 大学化学，2013，28（1）：30-36.

第七章

拓展实验

实验十九 测定镍在硫酸溶液中的钝化行为

一、预习要求

1. 了解极化作用和超电势的概念；
2. 了解极化曲线的测定方法。

二、实验目的

1. 了解金属钝化行为的原理和测量方法；
2. 测定镍在硫酸溶液中的恒电势阳极极化曲线及其钝化电势。

三、实验原理

1. 金属的阳极过程

金属的阳极过程是指金属作为阳极发生电化学溶解的过程，如下式所示：

$$M \longrightarrow M^{n+} + ne^-$$

在金属的阳极溶解过程中，其电极电势必须高于其热力学电势。这种电极电势偏离其热力学电势的现象称为极化。当阳极极化不大时，阳极过程的速率随着电势变正而逐渐增大，这是金属的正常溶液。但当电极电势正到某一数值时，其溶解速率达到最大，而后阳极溶解速率随着电势变正，反而大幅度地降低，这种现象称为金属的钝化现象。

研究金属的阳极溶液及钝化通常采用两种方法：控制电势法和控制电流法。由于控制电势法能测得完整的阳极极化曲线，因此在金属钝化现象的研究工作中，比控制电流法更能反映电极的实际过程。对于大多数金属来说，用控制电势法测得的阳极极化曲线，大都具有图 7-1 的形式。

若用控制电流法将电极阳极极化，往往得到图 7-2 的形式。在此极化曲线上当电流密度不大时，金属的阳极溶解过程是"正常的"，即阳极溶解速率随着电极电势变正而增大（AB 段）。然而，当阳极电流密度超过某一临界值时，就会出现电极电势突然变正（BC 段）。在大多数情况下，该电势突跃的幅度约为 1~2V，但有时也可以达到 10V。发生电势突跃后，极化电流主要消耗在实现某些新的电极过程，如氧的析出、高价反应产物的生成等，而金属的正常溶解速率则大幅度减慢了。

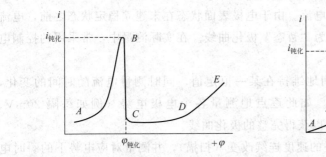

图 7-1 控制电势法测得的阳极极化曲线   图 7-2 控制电流法测得的阳极极化曲线

从控制电势法测得的极化曲线可以看出，它有一个"负坡度"区域的特点。具有这种特点的极化曲线无法用控制电流的方法来测定。因为同一个电流 I 可能相应于几个不同的电极电势，因而在控制电流极化时，电极电势将处于一种不稳定状态，并可能发生电势的跳跃甚至振荡。

用控制电势法测到的阳极极化曲线可分为四个区域。

① AB 段为活性溶解区，此时金属进行正常的阳极溶解，阳极电流随着电势的正移而不断增大。

② BC 段为过渡钝化区（"负坡度"区）。随着电极电势变正达到 B 点之后，此时金属开始发生钝化，随着电势的正移，金属溶解速率不断降低，并过渡到钝化状态。对应于 B 点的电极电势称为临界钝化电势 $\varphi_{钝化}$，对应的电流密度叫临界钝化电流密度 $i_{钝化}$。

③ CD 段为稳定钝化区，在此区域内金属的溶解速率降低到最小值，并且基本上不随电势的变化而改变，此时的电流密度称为钝态金属的稳定溶解电流密度。

④ DE 段为超钝化区。此时阳极电流又重新随电势的正移而增大，电流增大的原因可能是高价金属离子的产生，也可能是 O_2 的析出，还可能是两者同时出现。

2. 影响金属钝化过程的几个因素

金属钝化现象是十分常见的，人们已对它进行了大量的研究工作，影响金属钝化过程及钝态性质的因素可归纳为以下几点。

① 溶液的组成 溶液中存在的 H^+，卤素离子以及某些具有氧化性的阴离子对金属的钝化现象起着颇为显著的影响。在中性溶液中，金属一般是比较容易钝化的，而在酸性溶液或某些碱性溶液中要困难得多。这与阳极反应产物的溶解度有关。卤素离子，特别是氯离子的存在能明显阻止金属的钝化过程，已经钝化了的金属也容易被它破坏（活化），而使金属的阳极溶解速率重新增加。溶液中存在某些具有氧化性的阴离子（如 CrO_4^{2-}）则可以促进金属的钝化。

② 金属的化学组成和结构 各种纯金属的钝化能力不相同，以铁、镍、铬三种金属为例，铬最容易钝化，镍次之，铁较差些。因此添加铬、镍可以提高钢铁的钝化能力，不锈钢材是一个极好的例子。一般来说，在合金中添加易钝化的金属时可以大大提高合金的钝化能力及钝态的稳定性。

③ 外界因素（如温度、搅拌等） 一般来说温度升高以及搅拌加剧是可以推迟或防止钝化过程的发生，这明显与离子的扩散有关。

3. 控制电势阳极极化曲线的测量原理和方法

控制电势法测量极化曲线时，一般采用恒电位仪，它能将研究电极的电势恒定地维持在所需值，然后测量对应于该电势下的电流。由于电极表面状态在未建立稳定状态之前，电流会随时间而改变，故一般测出的曲线为"暂态"极化曲线。在实际测量中，常采用的控制电势测量方法有下列两种。

① 静态法　将电极电势较长时间地维持在某一恒定值，同时测量电流随时间的变化，直到电流值基本上达到某一稳定值。如此逐点地测量各个电极电势（例如每隔 20mV、50mV 或 100mV）下的稳定电流值，以获得完整的极化曲线。

② 动态法　控制电极电势以较慢的速度连续改变（扫描），并测量对应电势下的瞬时电流值，并以瞬时电流与对应的电极电势作图，获得整个极化曲线。所采用的扫描速度（即电势变化的速率）需要根据研究体系的性质选定。一般来说，电极表面建立稳态的速度愈慢，则扫描速率也应愈慢，这样才能使所测得的极化曲线与采用静态法测得的极化曲线接近。

上述两种方法都已获得了广泛的应用。从测定结果的比较可以看出，静态法测量结果虽较接近稳态值，但测量时间太长。本实验采用动态法。

四、仪器与试剂

仪器：HDY-Ⅰ恒电位仪；X-Y 函数记录仪；低频信号发生器；电解池；鲁金毛细管；参比电极（硫酸亚汞电极）；镍电极；电阻箱 R；石蜡；金相砂纸；停表。

试剂：丙酮（A.R）；硫酸；氯化钾；氢气。

五、实验步骤

1. 测量镍在 $0.5mol·L^{-1} H_2SO_4$ 溶液中阳极极化曲线

① 洗净电解池，注入被测硫酸溶液，接好线路。

② 将研究电极（Ni 电极）用金相砂纸磨至镜面光亮，然后在丙酮中清洗除油，用石蜡涂封多余面积，再用被测硫酸溶液洗 1~2min，除去氧化膜，然后将它和辅助电极、参比电极（硫酸亚汞电极）、盐桥和鲁金毛细管装进电解池内，通氢气 10min，除氧气。

③ 打开恒电位仪的电源开关，仔细阅读仪器使用说明书，将恒电位仪调整好。

④ 连续改变阳极极化电势，直至氧在研究电极表面上大量析出为止，此时在记录仪上记录电极电势和相应的电流值。

2. 观察 Cl^- 对 Ni 阳极钝化的影响

① 更换溶液和研究电极，使 Ni 电极在 $5.0×10^{-3} mol·L^{-1}$ KCl + $0.5mol·L^{-1} H_2SO_4$ 溶液中进行阳极极化，重复上述步骤，记录电极电势及相应的电流值。

② 将电极电势反方向极化至比较信号为 0 时，停止扫描。取 $0.5mol·L^{-1}$ KCl + $0.5mol·L^{-1} H_2SO_4$ 溶液 5mL 加入电解池，继续实验，直至电流随时间变化不大为止。

六、实验数据记录及处理

① 分别作出 Ni 在 $0.5mol·L^{-1} H_2SO_4$ 和 $5.0×10^{-3} mol·L^{-1}$ KCl + $0.5mol·L^{-1} H_2SO_4$ 溶液中的阳极极化曲线（即 i-φ 曲线），求出 $\varphi_{钝化}$ 和 $i_{钝化}$ 值。

② 作出加入大量 Cl^- 后的 i-φ 曲线，讨论所测实验结果及曲线的意义。

七、思考讨论

① 通过阳极极化曲线的测定，对极化过程和极化曲线的应用有何进一步理解？
② 如要对某种系统进行阳极保护，首先必须明确哪些参数？

八、备注

HDY-Ⅰ型恒电位仪前面板如图7-3所示，以作用划分为14个区。

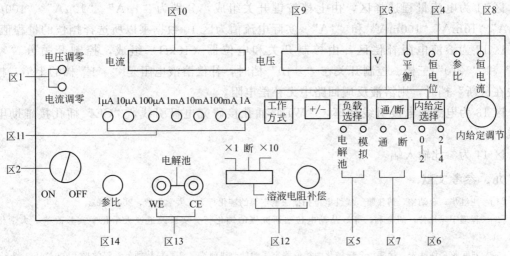

图7-3 HDY-Ⅰ型恒电位仪前面板示意图

区1用于仪器系统调零，有"电压调零"和"电流调零"。

区2是电源开关。

区3是仪器功能控制按键区，有以下五个功能键。

工作方式键：该按键为仪器工作方式选择键，由该键可顺序循环选择"平衡""恒电位""参比"或"恒电流"等工作方式，与该按键配合，区4的四个指示灯用于指示相应的工作方式。

+/-键：该按键用于选择内给定的正负极性。

负载选择键：该按键用于负载选择，与该按键配合，区5的两个指示灯用于指示所选择的负载状态，"模拟"状态时，选择仪器内部阻值约为$10k\Omega$电阻作为模拟负载，"电解池"状态时，选择仪器外部的电解池作为负载。

通/断键：该按键用于仪器与负载的通断控制，与该按键配合，区7的两个指示灯用于指示负载工作状况的通断，"通"时仪器与负载接通，"断"时仪器与负载断开。

内给定选择键：该按键用于仪器内给定范围的选择，"恒电位"工作方式时，通过该按键可选择0～1.9999V或2～4V内给定恒电位范围；"恒电流"工作方式时，只能选择0～1.9999V的内给定恒电位范围。与该按键配合，区6的两个指示灯用于指示所选择的内给定范围。

区8为内给定调节电位器旋钮。

区9为电压值显示区，"恒电位"工作方式时，显示恒电位值；"恒电流"工作方式时，显示槽电压值。

区 10 为电流值显示区,"恒电位"工作方式时,可通过区 11 的电流量程选择键来选择合适的显示单位,若在某一电流量程下出现显示溢出,数码管各位将全零"0.0000"闪烁显示,以示警示,此时可在区 11 顺次向右选择较大的电流量程档;"恒电流"工作方式时,区 10 的显示值为仪器提供的恒电流值,该方式下,在区 11 选择的电流量程越大,仪器提供的极化电流也越大,若过大的极化电流造成区 9 电压显示溢出(数码管各位全零"0.0000"闪烁显示),可在区 11 顺次向左选择较小的电流量程档。

区 11 为电流量程选择区,由七档按键开关组成,分别为"$1\mu A$""$10\mu A$""$100\mu A$""1mA""10mA""100mA"和"1A"。实际电流值为区 10 数据乘以所选择挡位的量程值。

区 12 为溶液电阻补偿区,由控制开关和电位器($10k\Omega$)组成,控制开关分"×1""断"和"×10"三档。控制开关在"×10"档时,补偿溶液电阻是"×1"档的十倍,控制开关在"断"档时,则溶液反应回路中无补偿电阻。

区 13 为电解池电极引线插座,"WE"插孔接研究电极引线,"CE"插孔接辅助电极引线。

区 14 为参比输入端。

九、参考文献

[1] 庄继华,金幼铭,傅伟康. 线性电位扫描法测定镍的钝化行为. 大学化学,2004,03.

[2] 程瑾宁,徐仲,胡会利,等. 从动电位法研究镍的钝化行为实验改进谈大学化学实验改革. 大学化学,2007,01.

[3] 刘跃龙,许胜先,徐莱. 金属钝化曲线的测定实验的改进研究. 江西科技师范学院学报,2004,5:82-83.

实验二十　胶体制备和电泳

一、预习要求
1. 了解胶体的制备及净化的常用方法；
2. 了解憎液溶胶的电学性质及电动电势。

二、实验目的
1. 采用水解凝聚法制备 $Fe(OH)_3$ 溶胶；
2. 用电泳法测定 $Fe(OH)_3$ 溶胶带电性质及其电动电位。

三、实验原理
胶体制备常用分散法和凝聚法。本实验是用水解凝聚法制备 $Fe(OH)_3$ 溶胶。刚制成的溶胶常含有其他杂质，必须纯化。本实验采用半透膜渗析法，利用胶体与其他物质的分散程度的差异而分离胶体。为了加快渗析速度，可用热渗析和电渗析方法。

由于胶粒表面电离或吸附离子而带电荷，在胶粒周围形成带等量异电荷的溶剂化层。溶剂化层界面与介质内部形成的电位差称为电动电势或 ζ 电势。它是胶粒特征的重要物理量，其数值与胶体性质、介质及溶胶浓度有关。

胶体的 ζ 电势表达式为：

$$\zeta = \frac{4\pi\eta u}{DE} \tag{7-1}$$

式中，η 为介质黏度；u 是相对移动速度；D 为介质常数；E 为电位梯度。

测定界面移动的电泳法：

$$\zeta = (300)^2 \times \frac{4\pi\eta s l}{v t D} \tag{7-2}$$

式中，s 是时间 t 内胶体和辅助液界面移动距离，cm；l 为两电极间距离，cm；v 是电极间电位差，V；300 是将伏特换算成绝对静电单位的比例系数。

本实验的测定条件是溶胶与辅助液的电导率必须相等。

四、仪器与试剂
仪器：DYJ 电泳实验装置；稳压电源；烧杯；短颈锥形瓶；停表；铂电极。
试剂：10% $FeCl_3$ 溶液；火棉胶；稀盐酸。

五、实验步骤

1. $Fe(OH)_3$ 溶胶的制备

在 250mL 烧杯中，盛蒸馏水 100mL，加热至沸，在搅拌条件下滴加 10% $FeCl_3$ 10mL，再煮沸 2min，即得 $Fe(OH)_3$ 棕色溶胶。

2. 胶体溶液的净化

半透膜的制备：在 100mL 干燥的短颈锥形瓶中，倒入几毫升火棉胶，小心转动，形成均匀的薄膜，倒置流尽火棉胶，并让溶剂挥发至不粘手，然后在瓶口剥开一部分膜，从膜壁注入水，使膜与壁分离，取出成型的膜袋。

溶胶的渗析：将制得的 $Fe(OH)_3$ 溶胶倒入半透膜中，用线拴住袋口，放入 60~70℃ 的水中渗析，常换水，直至水中不能检出 Cl^- 或 Fe^{3+}。

3. Fe(OH)$_3$溶胶的ζ电位测定

洗净电泳管，用滴管注入净化后的Fe(OH)$_3$溶胶，关闭活塞，用蒸馏水和辅助液依次清洗电泳管上部三次，然后装入辅助液（电导率与溶胶相等的HCl）至支管口。两边插入电极并安装好仪器。调节工作电压为120～150V。打开活塞开始计时，准确记录界面移动0.5cm、1cm、1.5cm、2cm所需的时间。测定完毕关闭电源，用线测量两电极间的距离l，计算ζ电势。

六、实验数据记录及处理

① 由胶体在电泳时的移动方向，确定胶粒所带电荷。

② 由在时间t内界面移动的距离s，求出s/t，并取平均值（或作s-t图，求出斜率），计算ζ电势。

③ 求ζ时，η和D均用水的相应值代替。水的介电常数$D=80-0.4(T-293)$，T为实验绝对温度。

七、思考讨论

① 如果电泳仪事先没有洗净，管壁上残留微量的电解质，对电泳测量的结果将有什么样的影响？

② 电泳速度的快慢与哪些因素有关？

八、备注

DYJ电泳实验装置示意图见图7-4，前面板示意图见图7-5。

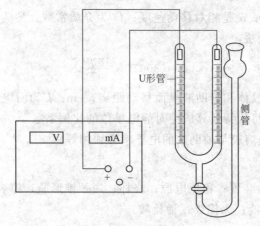

图7-4 DYJ电泳实验装置示意图

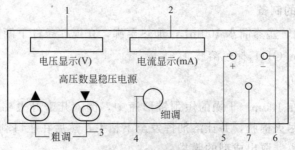

图7-5 前面板示意图

1—电压显示窗口；2—电流显示窗口；3—粗调按键；4—细调旋钮；5—正极接线柱；6—负极接线柱；7—接地接线柱

九、参考文献

[1] 刘建华,沈志农,龚文强,肖利,胡洵璞. 氢氧化铁溶胶电泳实验的研讨. 湖南工业大学学报, 2010, 24(5): 98.

[2] 刘勇跃,贾翠英. 氢氧化铁溶胶电泳实验的改进研究. 实验室科学, 2008, (5): 85.

[3] 钱亚兵,袁红霞,鲍正荣. Fe(OH)$_3$胶体电泳实验再探索. 化学教学, 2002, 12: 9-10.

[4] 吴德武,钟春龙,张秀华,等. 氢氧化铁溶胶的制备及电泳实验的探讨. 高等教学研究, 2015, 02-0123-03.

[5] 王丽红,李德玲. 聚醚砜超滤膜法纯化电泳用Fe(OH)$_3$. 化学研究与应用, 2008, (6): 671-674.

[6] 熊辉,梅付名,王宏伟,等. 胶体性质实验的综合设计与实践. 华中科技大学学报, 2015, 13(1): 24.

实验二十一 煤水界面接触角的测量

一、预习要求
1. 了解液-固界面的润湿作用，了解接触角的概念；
2. 了解煤化学中煤岩学章节。

二、实验目的
1. 利用量高法与量角法测量煤岩与水的表面接触角。
2. 了解不同的煤岩与水具有不同的润湿性；
3. 了解煤岩与水的润湿性是可以调节的；
4. 从实验认识煤岩润湿性与成浆性的关系，并通过调节来改变各种煤岩的成浆性；
5. 掌握测定表面接触角的实验技术。

三、实验原理
表面接触角测定原理，本实验的测试方法为：分别在磨光的煤岩样块上，滴上一个水滴，在固-气-液界面上，由于表面张力的作用，形成接触角，然后用聚光灯通过显微镜在计算机屏幕上放大成像，用量角器直接量得接触角的大小。

1. 接触角的定义

当液滴自由地处于不受力场影响的空间时，由于表面张力的存在而呈圆球状。但是，当液滴与固体平面接触时，其最终形状取决于液滴内部的内聚力和液滴与固体间的黏附力的相对大小。当一液滴放置在固体表面上时，液滴能自动地在固体表面铺展开来，或以与固体表面呈一定接触角的液滴存在，如图 7-6 所示。

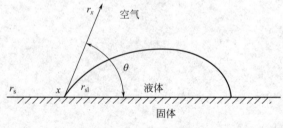

图 7-6 接触角

θ 为液体与固体间的界面和液体表面的切线所夹（包含液体）的角度，称为接触角（contact angle），θ 在 0°～180°之间。接触角是反映物质与液体润湿性关系的重要尺度，$\theta=90°$可作为润湿与不润湿的界限，$\theta<90°$时可润湿，$\theta>90°$时不润湿。

2. 量角法

液滴角度测量法（量角法）是测量接触角的最常用的方法之一，如图 7-7 所示。该方法是将固体表面上的液滴，或浸入液体中的固体表面上形成的气泡投影到屏幕上，然后直接测量切线与相界面的夹角，确定接触角的大小。

如果液体蒸气在固体表面发生吸附，影响固体的表面自由能，则应把样品放入带有观察窗的密封箱中，待体系达平衡后再进行测定。此法的优点是：样品用量少，仪器简单，测量方便。准确度一般在±1°左右。

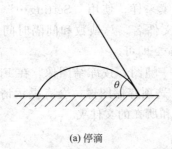
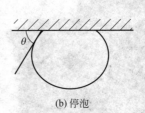

(a) 停滴　　　　　　　　　　　　(b) 停泡

图 7-7　量角法示意图

3. 量高法

如果液滴很小，重力作用引起液滴的变形可以忽略不计，这时的躺滴可认为是球形的一部分，如图 7-8 所示。接触角可通过高度的测量按下式计算：

$$\tan\frac{\theta}{2}=\frac{2h}{d} \tag{7-3}$$

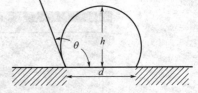

式中，h 是液滴高度；d 是滴底的直径。若液滴体积小于 10^{-4} mL，此方法可用。若接触角小于 90°，则液滴稍大亦可应用。

图 7-8　量高法示意图

液滴在纤维上的接触角也可用量角法测量，把纤维水平拉直，置于样品槽内，然后投影到电脑屏幕，直接测定液滴与纤维表面的夹角。如果液滴很小，接触角也可用量高法测量，通过式 (7-3) 来计算。

四、仪器与试剂

仪器：JC2000C1 静滴表面接触角测量仪（图 7-9）；200mL 烧杯；夹子；脱脂棉。

图 7-9　JC2000C1 静滴表面接触角测量仪实物图

试剂：食盐；木质素磺酸钠；NaCl；蒸馏水；煤岩磨光样块。

五、实验步骤

1. 采样

加入样品，实验装置如图 7-10 所示。通过几个选钮让液体滴到待测平面上后用下面几种测试方法测试数据。

图 7-10　实验装置图

如果要连续采样，使用"Setting…"中的前三项来设定 BMP 文件名、总帧数和间隔时间，在 Option 中选 Serilly Save 即可。

如果只采一帧图，按冻结图像，在 File 菜单中选"Save As …"选项存储图像，会有提示请操作者选择储存的文件名和所在的文件夹。

2. 量角法

按量角法按钮，进入量角法主界面，如图 7-11 所示，按开始键，打开文件夹，选中需要计算的图形文件。

量取角度：显示测量尺。

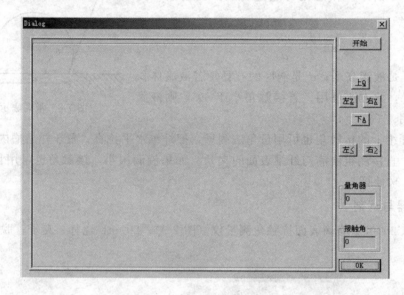

图 7-11　量角法主界面图

Q：测量尺向上；A：测量尺向下；X：测量尺向右；Z：测量尺向左；<：测量尺左旋；>：测量尺右旋；量角器：显示测量尺角度。

量取角度显示测量尺，显示的测量尺角度为 45°，然后使测量尺与液滴边缘相切，如图 7-12(a) 所示。然后下移测量尺到液滴顶端，如图 7-12(b) 所示。再旋转测量尺，使其与液滴左端相交，即得到接触角的数值，如图 7-12(c) 所示。另外，也可以使测量尺与液滴右端相交，求出接触角，最后求两者的平均值。注：当测量尺与液滴右端相交时，用 180° 减去所见的数值方为正确的接触角数据。

3. 量高法

按量高法按钮，进入量高法主界面，如图 7-13 所示。

按开始按钮，打开文件夹，选取图像文件，界面如图 7-14(a) 所示。然后用鼠标左键点击液滴的顶端和液滴的左、右两端，如图 7-14(b) 所示，如果点击错误，可以点击鼠标右键，取消选定。

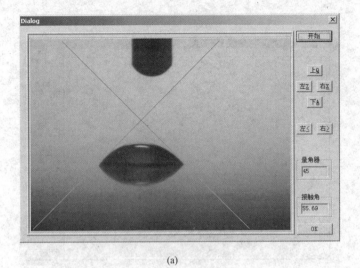

(a)

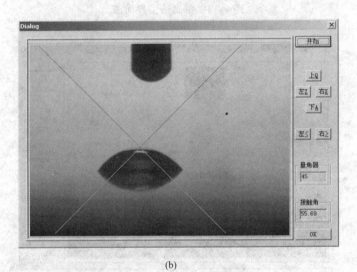

(b)

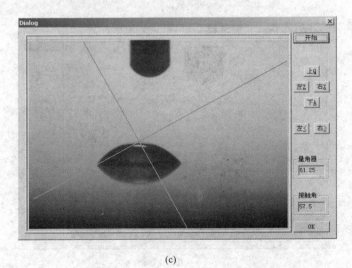

(c)

图 7-12　量角法测量

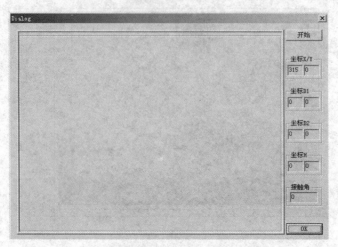

图 7-13　量高法主界面图

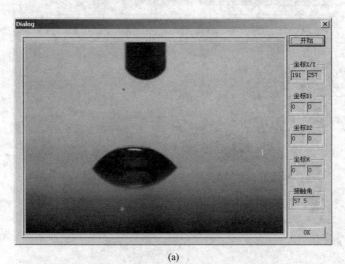

(a)

(b)

图 7-14　量高法测量

量角器角度为 θ，接触角为 $2\times(90-\theta)$。

六、实验数据记录及处理

量角法测的实验数据列入表 7-1。量高法测的实验数据列入表 7-2。

表 7-1　量角法测接触角实验记录表

序号	左接触角/(°)	右接触角/(°)	平均值/(°)	5次测试加和平均值/(°)
1				
2				
3				
4				
5				
6				
7				

注：每个试样至少测试 7 次，去掉最高值，去掉最低值，取 5 次的测试值的平均值作为待测试样的固液界面接触角。依据接触角的大小，判定待测物质的润湿性或与液体（水）的亲疏水特性。

表 7-2　量高法测接触角实验记录表

序号	接触角/(°)	5次测试加和平均值/(°)
1		
2		
3		
4		
5		
6		
7		

注：每个试样至少测试 7 次，去掉最高值，去掉最低值，取 5 次的测试值的平均值作为待测试样的固液界面接触角。依据接触角的大小，判定待测物质的润湿性或与液体（水）的亲疏水特性。

七、思考讨论

决定和影响润湿作用和接触角的因素有哪些？对于一定的固体表面，在液相中加入表面活性物质后接触角怎样变化？其原因是什么？

八、备注

JC2000C1 表面接触角测量仪使用说明有以下几个部分。

1. 技术指标

测量方式：量角法，量高法。

测量范围：0°～180°。

温度范围：室温～90℃。

测温精度：0.01℃。

图像放大率：266pixel/mm。

固体试样尺寸：28mm×11mm。
主机外形尺寸：400mm×250mm×250mm。
总功率：220V，200W（包括计算机）。

2. 硬件组成

JC2000C1 表面接触角测量仪包括 CCD 摄像头一个，与接触角相配的图像采集卡（视频卡）一块，CCD 电源线一根，主机电源线一根，视频连接线一根，串口连接线一根，如图 7-15～图 7-20 所示；与 JC2000C1 表面接触角测量仪相配的计算机一台。

图 7-15 CCD 摄像头

图 7-16 图像采集卡

图 7-17 CCD 电源线

图 7-18 主机电源线

图 7-19 视频连接线

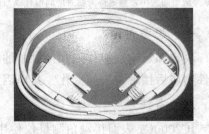

图 7-20 串口连接线

3. 应用领域

JC2000C1 表面接触角测量仪主要用于测量液体对固体的接触角，即液体对固体的浸润性，也可测量外相为液体的接触角。该仪器能测量各种液体对各种材料的接触角，粉末在压片后也可测量。该仪器对石油、印染、医药、喷涂、选矿等行业的科研生产有非常重要的作用。

九、参考文献

[1] Paul C Hiemenz. 胶体与表面化学. 周祖康译. 北京：北京大学出版社，1984.
[2] JC2000C1 接触角测量仪使用说明书. 上海中晨数字技术设备有限公司.
[3] 傅献彩. 物理化学：下册. 第5版. 北京：高等教育出版社，2005，7.
[4] 陈晓磊. 固体聚合物表面接触角的测量及表面能研究. 中南大学硕士学位论文，2012，5.
[5] 王新平，陈志方，沈之荃. 高分子表面动态行为与接触角时间依赖性. 中国科学（B辑化学）. 2005，35(1)：64-69.
[6] 鲍雪，陆太进，魏然，等. 表面接触角的测量及表面张力在宝玉石鉴定中的应用. 岩矿测试，2014，35(5)：681-689.
[7] 李和平，李学萍，胡奇林，等. 煤质因素对水煤浆制浆浓度的影响. 宁夏工程技术，2017，16(2)：143-146.
[8] 杜文琴，巫莹柱. 接触角测量的量高法和量角法的比较. 纺织学报，2007，28(7)：29-32，37.

实验二十二 第一性原理计算

一、预习要求

1. 了解第一性原理计算方法及其近似方法；
2. 了解密度泛函理论及其计算框架；
3. 了解 Materials studio 软件包里的 Visualizer 及 CASTEP 模块。

二、实验目的

1. 掌握第一性原理和密度泛涵的计算方法；
2. 学会使用 Visualizer 的各种建模和可视化工具；
3. 熟悉密度泛函理论及其计算框架。

三、实验原理

1964 年，Hohenberg P 和 Kohn W 提出密度泛函理论，它是基于量子力学的从头计算理论，它以电子密度作为基本变量，使计算复杂度得以简化。密度泛函理论通过采取各种近似简化使求解薛定谔方程的全部复杂性都归入了所谓的交互关联泛函的选取。CASTEP 是基于密度泛涵理论平面波赝势基础上的量子力学计算。

密度泛涵理论的基本思想是原子、分子和固体的基本物理性质可以用粒子密度函数进行描述。Hohenberg-Kohn 归纳为两个基本定理：

H-K 第一定理：粒子密度函数是一个决定系统基态物理性质的基本参量。

H-K 第二定理：在粒子数不变的条件下，能量对密度函数变分得到系统基态的能量。

H-K 第一定理保证了粒子密度作为体系基本物理量的合法性，H-K 第二定理为用变分法处理实际问题指出了一条途径。

不计自旋的全同费米子的哈密顿量为：
$$H = T + U + V \tag{7-4}$$

式中，T 为多电子体系的动能部分；V 为多电子系统之外的外场部分；U 表示多电子系相互作用部分。

Hohenberg-Kohn 说明体系总能存在对基态电子密度分布函数的泛函形式：
$$E[\rho] = \langle \psi \mid T+V \mid \psi \rangle + \int v(r)\rho(r) dr \tag{7-5}$$

令：
$$F[\rho] = \langle \psi \mid T+V \mid +\psi \rangle \tag{7-6}$$

显然，$F[\rho]$ 泛函的具体形式是整个密度泛函理论的关键所在，1965 年，Kohn-Sham 方案的提出最终将密度泛函引入到实际应用中。将 $F[\rho]$ 这个泛函写成不知道具体形式的两部分泛函之和：
$$F[\rho] = T[\rho] + V[\rho] \tag{7-7}$$

假设动能部分和势能部分可以进一步写成：
$$F[\rho] = T[\rho] + \frac{1}{2} \iint dr dr' \frac{\rho(r)\rho(r')}{|r-r'|} \tag{7-8}$$

其中：
$$\rho(r) = \sum_{i=1}^{N} |\psi_i(r)|^2 \tag{7-9}$$

$$T(\rho) = \sum_{i=1}^{N} dr \psi_i^*(r) [-\nabla^2] \psi_i(r) \tag{7-10}$$

最后的总能量泛函表示为：

$$E[\rho] = \sum_{i=1}^{N} \mathrm{d}r \psi_i^*(r)[-\nabla^2]\psi_i(r) + \frac{1}{2}\iint \mathrm{d}r \mathrm{d}r' \frac{\rho(r)\rho(r')}{|r-r'|} + \int v(r)\rho(r)\mathrm{d}r + E_{\mathrm{XC}}[\rho]$$

(7-11)

$E_{\mathrm{XC}}[\rho]$ 是为了修正与真实体系总能泛函的误差而引入的一个未知形式的泛函。

四、仪器

硬件：多台 PC 机和一台高性能计算服务器。

软件：主要利用 Materials studio 软件包里的 Materials Visualizer 和 CASTEP 模块。

五、实验步骤

1. 建立所研究材料体系的结构模型

① 构建结构模型，需要了解空间群、晶格参数和晶体的内坐标等知识。可自己建模亦可通过软件自带的结构库中直接读入结构文件。具体步骤：菜单栏中选择 "File|Import"，然后进入 "structures/nanotubes" 文件夹，选择 "6-6. msi" 文件。

② 按照计算需要对晶胞内的原子进行替换，并用 "Build|Symmetry|Primitive Cell" 将模型设置为原胞形式。

2. 设置并运行量子力学计算

选择工具条中的 CASTEP 工具，然后选择 "Calculation"。

① 步骤 1（对结构进行几何优化）

优化的默认设置是只对原子的坐标进行优化。然而，本实验还需对晶格进行优化。

a. 单击 "Setup" 项，将 "Task" 项设置为 "Geometry Optimization"，计算精度设置为 "Fine"，点击与 "Task" 相关的 "More" 按钮，勾选 "Optimize Cell"，关闭此对话框。

b. 单击 "Job Control" 按钮，点击 "More" 按钮，设置 "Gateway"，选择在本机计算还是在服务器上计算。

c. 在 "Properties" 工具栏里，可以指定需要计算的性质。勾选上 "Density of states" 和 "Band structure"。在实时更新时，可以指定工作控制选项。选择 "Job Control" 标签栏，单击 "More" 按钮。在对话框里，改变 "Update interval" 为 30s，关闭对话框。按下 "Run" 按钮，开始运行计算。关闭对话框。

② 步骤 2（判断计算结果是否正确）

a. 在 "Project Explorer" 工作栏内，双击以激活 ".castep" 文件。

b. 在菜单栏中选择 "Edit|Find" 键入 "completed successfully" 查找到此文字，找到后向上几行，有一个两行的表格，如果两行显示都为 "yes"，说明计算正常结束。否则要继续进行运算。

③ 步骤 3（计算弹性常数）

在 CASTEP 对话框中选择 "Setup" 项，在 "Task" 的下拉单中选择 "Elastic Constants"，点击对话框中的 "More" 按钮，设置每次拉伸的步数，按下 "Run" 按钮。

3. 计算结果分析

几秒钟后，一个新文件夹出现在 "Project Explore" 内，该文件夹包含了所有的计算结构。"Job Explore" 显示所有正在运行的工作状态，它显示了很多有用的信息。如果需要，可在此处删掉任务。工作结束后，文件会被传回客户端，此时可对实验结果进行分析。

在工具栏中选择 CASTEP 工具，然后选择"Analysis"，选择"Electron density"项，单击"Import"按钮，电子的等值面就显示在结构中，可以通过"Display Style"对话框改变等密度面的设置。

六、实验数据记录及处理

① 阐述本实验的目的、意义及计算所涉及的基本原理；
② 说明本实验用的硬件和软件（包括所使用的模块）；
③ 给出所计算材料的晶格参数和能量，并计算其和实验值的误差；
④ 分析、讨论实验结果。

七、备注

CASTEP 模块还可以计算许多其他性质，比如反射率和介电常数等。

八、思考讨论

① 通常对实际材料进行计算研究时，需要先优化晶体结构和原子未知坐标，以找到稳定的体系结构。试画出计算流程图。
② 比较密度泛函理论与量子化学方法的异同。

九、参考文献

[1] 江建军，缪灵，等编著. 计算材料学. 北京：高等教育出版社，2010年.
[2] 计算材料学实验指导书，百度文库网址：https://wenku.baidu.com/view/67ebec19bb68a98271fefa2e.html.
[3] 陈刚，管洪涛，等. 浅谈计算材料学实验的教学设计与实施. 实验科学与技术，2016，14：128-131.
[4] Pople J A. Quantum chemical models. Rev Mod Phys，1999，71：1267.
[5] Kohn W. Electronic structure of matter：wave functions and density functional. Rev Mod Phys，1999，71：1253.